鸚鵡螺
數學叢書

古代天文學中的幾何方法

張海潮、沈貽婷——著

三民書局

《鸚鵡螺數學叢書》總序

本叢書是在三民書局董事長劉振強先生的授意下,由我主編,負責策劃、邀稿與審訂。誠摯邀請關心臺灣數學教育的寫作高手,加入行列,共襄盛舉。希望把它發展成為具有公信力、有魅力並且有口碑的數學叢書,叫做「鸚鵡螺數學叢書」。願為臺灣的數學教育略盡棉薄之力。

▌論題與題材

舉凡中小學的數學專題論述、教材與教法、數學科普、數學史、漢譯國外暢銷的數學普及書、數學小說,還有大學的數學論題:數學通識課的教材、微積分、線性代數、初等機率論、初等統計學、數學在物理學與生物學上的應用等等,皆在歡迎之列。在劉先生全力支持下,相信工作必然愉快並且富有意義。

我們深切體認到,數學知識累積了數千年,內容多樣且豐富,浩瀚如汪洋大海,數學通人已難尋覓,一般人更難以親近數學。因此每一代的人都必須從中選擇優秀的題材,重新書寫:注入新觀點、新意義、新連結。**從舊典籍中發現新思潮,讓知識和智慧與時俱進,給數學賦予新生命。**本叢書希望聚焦於當今臺灣的數學教育所產生的問題與困局,以幫助年輕學子的學習與教師的教學。

從中小學到大學的數學課程,被選擇來當教育的題材,幾乎都是很古老的數學。但是數學萬古常新,沒有新或舊的問題,只有寫得好或壞的問題。兩千多年前,古希臘所證得的畢氏定理,在今日多元的光照下只會更加輝煌、更寬廣與精深。自從古希臘的成功商人、第一位哲學家兼數學家泰利斯 (Thales) 首度提出兩個石破天驚的宣言:**數**

學要有證明，以及要用自然的原因來解釋自然現象（拋棄神話觀與超自然的原因）。從此，開啟了西方理性文明的發展，因而產生**數學、科學、哲學**與**民主**，幫忙人類從農業時代走到工業時代，以至今日的電腦資訊文明。這是人類從野蠻蒙昧走向文明開化的歷史。

古希臘的數學結晶於歐幾里德 13 冊的《原本》(The Elements)，包括平面幾何、數論與立體幾何，加上阿波羅紐斯 (Apollonius) 8 冊的《圓錐曲線論》，再加上阿基米德求面積、體積的偉大想法與巧妙計算，使得它幾乎悄悄地來到微積分的大門口。這些內容仍然是今日中學的數學題材。我們希望能夠學到大師的數學，也學到他們的高明觀點與思考方法。

目前中學的數學內容，除了上述題材之外，還有代數、解析幾何、向量幾何、排列與組合、最初步的機率與統計。對於這些題材，我們希望在本叢書都會有人寫專書來論述。

II 讀者對象

本叢書要提供豐富的、有趣的且有見解的數學好書，給小學生、中學生到大學生以及中學數學教師研讀。我們會把每一本書適用的讀者群，定位清楚。一般社會大眾也可以衡量自己的程度，選擇合適的書來閱讀。我們深信，**閱讀好書是提升與改變自己的絕佳方法**。

教科書有其客觀條件的侷限，不易寫得好，所以要有其他的數學讀物來補足。本叢書希望在寫作的自由度幾乎沒有限制之下，寫出各種層次的好書，讓想要進入數學的學子有好的道路可走。看看歐美日各國，無不有豐富的普通數學讀物可供選擇。這也是本叢書構想的發端之一。

學習的精華要義就是，**儘早學會自己獨立學習與思考的能力**。當這個能力建立後，學習才算是上軌道，步入坦途。可以隨時學習、終

身學習，達到「真積力久則入」的境界。

我們要指出：學習數學沒有捷徑，必須要花時間與精力，用大腦思考才會有所斬獲。不勞而獲的事情，在數學中不曾發生。找一本好書，靜下心來研讀與思考，才是學習數學最平實的方法。

III 鸚鵡螺的意象

本叢書採用鸚鵡螺 (Nautilus) 貝殼的剖面所呈現出來的奇妙**螺線** (spiral) 為標誌 (logo)，這是基於數學史上我喜愛的一個數學典故，也是我對本叢書的期許。

 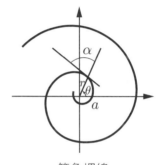

鸚鵡螺貝殼的剖面　　　　　　　　等角螺線

鸚鵡螺貝殼的螺線相當迷人，它是等角的，即向徑與螺線的交角 α 恆為不變的常數 ($a \neq 0°, 90°$)，從而可以求出它的極坐標方程式為 $r = ae^{\theta\cot\alpha}$，所以它叫做**指數螺線**或**等角螺線**，也叫做**對數螺線**，因為取對數之後就變成阿基米德螺線。這條曲線具有許多美妙的數學性質，例如自我形似 (self-similar)、生物成長的模式、飛蛾撲火的路徑、黃金分割以及費氏數列 (Fibonacci sequence) 等等都具有密切的關係，結合著數與形、代數與幾何、藝術與美學、建築與音樂，讓瑞士數學家白努利 (Bernoulli) 著迷，要求把它刻在他的墓碑上，並且刻上一句拉丁文：

Eadem Mutata Resurgo

此句的英譯為:

Though changed, I arise again the same.

意指「雖然變化多端，但是我仍舊照樣升起」。這蘊含有「變化中的不變」之意，象徵規律、真與美。

鸚鵡螺來自海洋，海浪永不止息地拍打著海岸，啟示著恆心與毅力之重要。最後，期盼本叢書如鸚鵡螺之「**歷劫不變**」，在變化中照樣升起，帶給你啟發的時光。

眼閉
從一顆鸚鵡螺
傾聽真理大海的吟唱

靈開
從每一個瞬間
窺見當下無窮的奧妙

了悟
從好書求理解
打開眼界且點燃思想

蔡聰明

2012 歲末

推薦序

　　沒有人能夠否認到了二十一世紀，人類已經知曉很多大自然的奧祕，人人須臾不離的手機就是一個明證：若不是我們已經深刻地掌握了相當多物質運行的規律，怎麼可能設計出可以瞬間將清晰的影音傳遞到地球另一端的手機。到底人類是如何獲取這些科學知識的？

　　兩千多年前，莊子在〈知北遊〉篇中已經這麼說了：「天地有大美而不言，四時有明法而不議，萬物有成理而不說」，亦即人類憑著經驗早就感受到大自然的運行有其道理，但這些道理，既然老天沒主動告知，便只能若隱若現、曖昧不明。莊子沒想到的是，老天雖然沈默不語，卻還是在自然現象中留下了一些線索，一些有心人鍥而不捨地追著這些線索，經過兩千年的傳承，終究釐清了四時之明法與萬物之成理。

　　不過莊子的心緒也不是太簡單，因為他也說了：「聖人者，原天地之美而達萬物之理，是故至人無為，大聖不作，觀於天地之謂也。」也就是說，莊子相信天地間有聖人，而且聖人是通曉萬物之理的，只是由於聖人體認老天的無為習性，所以也仿效天地而無為不作、沈默不語。不過儘管莊子這麼說，我們可以有把握地說，莊子所想像聖人所能達之萬物之理，不會太深刻，因為《莊子》中無一言一語提及數學，而我們今天已知，這些萬物之理必需藉由數學語言才能彰顯，談物理而不談數學，根本碰觸不到萬物之理的威力。

　　什麼時候人類才知道數學在物理中扮演不可或缺的角色？最關鍵的時刻是 1687 年，那年牛頓發表了《自然哲學的數學原理》，清清楚

楚地宣告自然界萬物的運動，大如天上星體的運行、小如地上石頭的飛行路徑，一旦其軌跡明確用數學語言呈現出來，都是所謂「微分運動方程式」的解。任何物體，只要知道它受到什麼樣的外力，以及它在某時刻的位置與速度，我們便可精準地預測其爾後任意時刻的位置與速度。除此之外，牛頓還指出任何兩個質量，都以跟兩者距離平方成反比的萬有引力相互吸引。

牛頓的發現，是人類文明發展的革命性事件，甚至有人說這是科學史上僅有的一次革命，因為一旦人們領悟可以用精準的數學方程式去掌握萬物之理，大家就會從這個觀點去探究一切的現象，也就是說大家從事科學研究的目標就是發掘規範各種自然現象的數學方程式，而後來的科學發展也證實了這的確是條康莊大道：馬克士威發現電磁學方程式，讓我們了解了光；海森堡與薛丁格提出量子力學方程式，讓我們了解了電子等等。

牛頓毫無疑問是個天才，儘管如此，就如他自己所言，他是因為「站在巨人的肩膀上」，才能夠「在海邊撿到貝殼」。他所提出的革命性概念—運動方程式與萬有引力，當然來自於前人對於大自然的觀察；但是導致牛頓革命的觀察並非針對「刮風下雨」這類最貼近一般生活經驗的現象，那些現象過於複雜，較有規律可言的反而是離開人世間最遠的天體現象。

兩千多年前的古希臘自然哲學／數學家已經嘗試用數學（尤其是幾何）語言來描述天體運動，甚至於建構出今天看來仍令人佩服的宇宙模型。托勒密的《天文學大成》記錄了希臘時代以「地心說」為核心的天文學成就，這本寶典屹立近一千五百年，直到哥白尼在十六世紀才以較奇怪但更巧妙有趣的「日心說」詮釋天體的運行，然後克卜勒在十七世紀初整理了第谷的觀察所得，提出「行星運動三大定律」，而同時期的伽利略研究慣性現象，並且著書申論「不了解數學語言就

讀不懂宇宙這本大書」；至此，讓牛頓得以一展身手的舞台終於在這些巨人跨時空的接力合作之下搭建了起來。

　　從托勒密、哥白尼、克卜勒、伽利略到牛頓「在海邊撿到貝殼」，這一段精彩萬分的科學歷史，台灣的科學教科書不曾詳細介紹，至多籠統提到「日心說取代地心說」及一些人名，而沒有交代其中的數學論證。其實只要有國、高中的幾何知識，人人都可以欣賞諸科學巨人奇特的心思。

　　我很高興好友張海潮與沈貽婷出版這一本書，向大眾解說用幾何觀點看待天文現象的歷史以及所獲得的成果。我過去即常向張教授請教一些中外天文學史與數學史的問題，每次都受到啟發。曾經困惑我之事，相信也是很多人所好奇之事；對於科學的起源曾覺得納悶之人，我相信本書能解你不少的疑惑。

高涌泉

臺灣大學物理系教授

2015 年 5 月

自 序

　　通識教育在我國行之有年，但始終未盡理想。早期，一些「通識」學者寧可介入「什麼是通識教育」的論爭，而不願認真開立通識課程，目前大部分學校的通識狀況仍然如此。舉例言之，有一所大學的通識課是每週邀一位「名人」來校作 100 分鐘的演講，數百位同學濟濟一堂。課後只需繳一份聽講心得，由助教批閱。這種作法十分普遍，校方既不需規畫，亦不需聘請專任教師，只需一位聯絡助理就將通識課程搞定。

　　我們認為任何一門上軌道的課必須要有課程規畫和相應的教科書，教科書至少應包含閱讀材料和討論議題或習題方能永續經營，我們因此編寫「古代天文學中的幾何方法」供各界採用（內容參見「導讀」）。

　　本書長期在臺大、政大和教育部主持的夏季學院講授，頗受好評。我們一方面期望大學數學老師開立以本書為主體的數學通識，另一方面也鼓勵高中老師以此書開立選修課程，尤其歡迎有志氣的高中生自習本書，實際體會中學所學的幾何在古代天文學中扮演的角色。

張海潮　沈貽婷

2015 年 5 月

 導 讀

　　在微積分出現之前，幾何學的發展大致經歷了三次躍進。首先是古代希臘的學者總結巴比倫和埃及實踐的經驗，創造了以演繹法論證的公設化幾何學，代表人物是歐幾里得（公元前 300 年）。其次是為了量天而發展的球面三角學和為了測地發展的平面三角學，這一部分最重要的成果是球面和平面的正弦定律及餘弦定律，強化了幾何學的量化工具，代表人物是托勒密（公元 100 年）。最後是笛卡兒（公元 1600 年）及其後發展的坐標／向量幾何，以內積、外積體現正、餘弦定律的內涵，治平面、立體及球面幾何於一爐而集幾何之大成，這些（除了球面三角）其實都是當下國、高中幾何教學的議題。

　　本書主要的目的是向讀者說明上述發展的幾何方法在古代天文學中扮演的角色，希望能將國高中所學與古代重要的天文探索聯繫起來。以下略述本書的內容：

　　一、頭三章是導論，藉由基本的天文現象說明如何在天球上建立坐標。

　　二、四、五章介紹中、西方的曆法及古中國與幾何有關的天文探索，這一部分總結為海島算經所揭示的《重差術》。

　　三、六、七章說明中西幾何學的起源及從平面幾何到三角再到坐標／向量幾何的脈絡。

　　四、第八章《幾何測算的經典例子》具體說明古人如何以幾何測地和量天。

五、九、十、十一章簡述從托勒密的地心模型到哥白尼的日心說到克卜勒的跨週期量天術。

六、十二章及附錄詳細的說明牛頓如何從克卜勒的行星律得到萬有引力定律。

本書在結構上分成本文（一到十二章）、延伸閱讀及附錄三部分。本文部分不涉及中學以外的數學，計算力求簡明易懂，每章之後均有討論議題，供課堂翻轉教學之用。延伸閱讀及附錄的編目配合本文，其中延伸閱讀蒐錄數篇科普文章及可用於課堂天文探索的數學演習。附錄部分主要是為了說明牛頓對克卜勒學說的數學／物理解釋，有些地方運用了基本的微積分概念。附錄中又收錄了刊載在《科學人》2010 年 1 月號南台科技大學林聰益教授有關古代渾儀的文章，特此致謝。

本書在成書的過程中多次在台大文法學院和教育部夏季學院的通識課程中講授，普獲好評。一個重要的原因是本書聯繫了高中所學和天文探索，而數學的部分又可淺可深，端視學生的程度調整，是一個兼具通識與數學特色的教科書，歡迎大學通識、大學選修、高中選修課程採用。

古代天文學中的幾何方法

—CONTENTS—

第 1 章　回歸年的意義

　　我們所居住的地球，每 24 小時自轉一圈，每 $365\frac{1}{4}$ 天繞太陽公轉一圈。自轉的時候，自轉軸（地軸）和公轉面（黃道面）有一個 23.5° 的傾斜，因此而有四季，如圖 1–1，地軸向上指向北方：

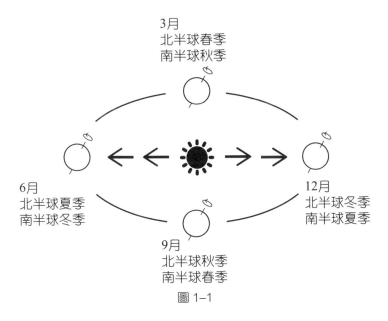

3月
北半球春季
南半球秋季

6月
北半球夏季
南半球冬季

12月
北半球冬季
南半球夏季

9月
北半球秋季
南半球春季

圖 1–1

　　圖中，地球所在的四個位置分別代表（北半球的）春分、夏至、秋分和冬至。將地軸向上指的方向定為北方，地球無論自轉或公轉，方向都是由西向東，亦即以地軸箭頭的方向為右手拇指，自（公）轉服從右手定則❶。

　　地軸雖然與黃道面保持 23.5° 的傾斜，但是本身又以約 26000 年為週期進行一個由東向西的繞圈幌動稱為地軸進動[2]。本來我們會選擇地軸指向蒼穹的一個星星作為北極星，但是因為地軸進動，地軸所指向的北極星也相應改變。目前地軸所指的北極星是小熊座的勾陳一（稱為極星 Polaris），而在五千年前地軸指向天龍座右樞星 (Thuban)，預估到西元 10000 年，地軸北極將指向天津大星 (Deneb)，到西元 14000 年，織女星將成為新的北極星，而西元 28000 年時北極星又將回到目前所見的小熊座勾陳一，如圖 1–2：

此圖參考網路文章
《新紀元的開始：談
歲差現象》。

圖 1–2

　　冬至時日光與地軸夾鈍角，春分時日光與地軸夾直角，此時日光直射地球赤道。由於地軸進動的方向是由東向西，因此到了去年春分點的位置，日光與地軸變成夾銳角，所以夾直角的位置會在去年春分點的西邊[3]。

地軸以 26000 年的週期在天空中繞一圈，圖中的圓就是地軸指向天空畫出的軌跡，沿途看到的右樞星、勾陳一、天津大星、織女星分別是過去、現在和將來的北極星。

《論語》中說：「譬如北辰，居其所而眾星拱之。」當時孔子並不知道這個北辰會隨著時間由眾星輪值。

圖 1–3 畫出北斗七星，左邊四顆星構成斗杓，右邊三顆星是斗柄。

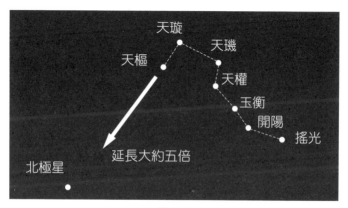

圖 1–3

沿天璇—天樞的方向，從天樞延長天璇—天樞線段的五倍，就可以到達勾陳一（並見圖 1–2），在北斗七星沒入地平線之前，這是一個辨識目前北極星的好方法。

下表是北極星和北斗七星的相關資訊❹：

中文 星名	古名	英文 星名	正式 星名	星等	赤經	赤緯	距離 光年	光譜 型
北極星 （勾陳一）	北辰	Polaris	α UMi	1.97	02h31m48.7s	+89°15′51″	430±30	F7 Ib
天樞 （北斗一）	貪狼	Dubhe	α UMa	1.79	11h03m43.7s	+61°45′03″	124±2	K0 III
天璇 （北斗二）	巨門	Merak	β UMa	2.34	11h01m50.5s	+56°22′57″	79±1	A1 V
天璣 （北斗三）	祿存	Phecda	γ UMa	2.41	11h53m49.8s	+53°41′41″	84±1	A0 V
天權 （北斗四）	文曲	Megrez	δ UMa	3.32	12h15m25.6s	+57°01′57″	81.4±1.2	A3 V
玉衡 （北斗五）	廉貞	Alioth	ε UMa	1.76	12h54m01.6s	+55°57′35″	81±1	A0 p
開陽 （北斗六）	武曲	Mizar	ζ UMa	2.23	13h23m55.5s	+54°55′31″	78±1	A1 V
搖光 （北斗七）	破軍	Alkaid	η UMa	1.9	13h47m32.4s	+49°18′48″	101±2	B3 V

　　夜裡如果站在臺北（北緯25°），面向北方，將手平舉，然後再抬高25°，手就指向北極星，如下圖1-4所示：

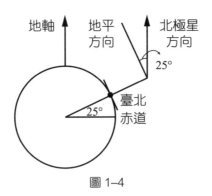

圖 1-4

⭐ 腳註

❶　1 小時的定義是 3600 秒或 60 分鐘，一個平（均）太陽日是 24 小時。從恆星看地球繞日一圈需時 365.2564 個平（均）太陽日，即 365 日 6 小時 9 分鐘 10 秒，稱為一個恆星年。但是從太陽過春分點到太陽過下一次春分點需時 365.2422 個平（均）太陽日，稱為一個回歸年。我們生活上所稱的一年是指回歸。中國古代是用太陽過冬至點到太陽過下一次冬至點的時距作為一年，又稱為歲實。

❷　如圖 1–1 地球繞日的軌道面（黃道面）向上的法向量和地軸的夾角是 23.5°。

❸　地軸進動造成春分點西移的現象，如圖 1–5。
這樣一個西移的現象，使春分點提早來臨，此所以恆星年（即太陽回到去年春分點）365.2564 天比回歸年（太陽回到相較去年略微西移的春分點）365.2422 天長一些。
上述這個因地軸進動而發生的春分點西移的現象，中國稱為歲差。中國歲差的發現是因為在第二年冬至時觀察太陽，發現去年在太陽背景的恆星略略向東移動，或是在第二年冬至時太陽背景的恆星在上一年太陽背景恆

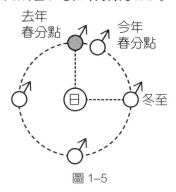

圖 1–5

星的西邊。由於地軸進動的週期是 26000 年，所以經過 26000 年後，太陽的背景重新回到同一個恆星。

❹　自古稱地日距為 1 個天文單位 (AU)，1 AU = 1.496×10^8 公里，1 光年是光走一年的距離，等於 9.46×10^{12} 公里也等於 63239.7 個天文單位。從表中可以看出北極星及北斗七星距離地球非常遠，並且我們現在看到的北極星是它 430 年前的位置。星等（或視星等）值越小則越亮。
星等值可以是負數，例如天狼星的星等是 −1.45，太陽為 −26.7，滿月為 −12.8，金星最高時為 −4.89。表中顯示北極星 (1.97) 比天權 (3.32) 亮得多，而天狼星是天空中（除太陽之外）最亮的恆星。

|討論議題|

1. 秒的定義是什麼?

2. 什麼是太陽日? 為什麼要定平（均）太陽日?

3. 何謂春分點?

4. 中國用冬至到冬至，西方用春分到春分，作為一年的定義，這兩種方法有何不同? 又為何有此不同?

5. 為什麼生活上的年是回歸年而非恆星年?

6. 地球四季的形成是因為自轉軸和公轉面有一個 23.5° 的傾斜嗎?

7. 地球自轉或公轉都是由西向東，地軸進動卻是由東向西，為什麼?

8. 在每一時刻，如何定義太陽直射地球的緯度? 例如春分是指太陽直射赤道。

9. 請解釋本章中利用圖 1–4 在臺北找北極星的方式。

10. 現在使用的陽曆，逢百年不閏，逢四百年閏，例如西元 2000 年是閏年，但 1900 年不是，亦即每四百年閏 97 天，請計算 97÷400 並說明為何此一曆法（近似）符合回歸年等於 365.2422 個平（均）太陽日?

11. 本章中，北極星的赤緯是 89°15′51″，為什麼不是 90°?

12. 圖 1–2 中的圓，從圓心到北極星的張角應該是 23.5°，從織女星的赤緯是 38°47′，可以驗證這個現象嗎?

13. 北回歸線通過北緯 23.5°，而地軸對黃道面的傾角也是 23.5°，這兩個現象有關係嗎?

第 2 章　天球上的坐標

　　想像一位古代的觀星者，在他夜晚持續的觀察中，發現星星緩緩的繞著一個不動點在旋轉，這個不動點就是北極星。我們現在知道這完全是地球自轉的效應，因此看到群星由東向西旋轉，每小時旋轉 $15° = \dfrac{360°}{24}$❶。

　　觀星者又發現，群星每一天大致提早 4 分鐘昇起，以至於四季的星空展現不同的面貌。

　　以北斗七星為例，在不同的時間看到的狀況如下：

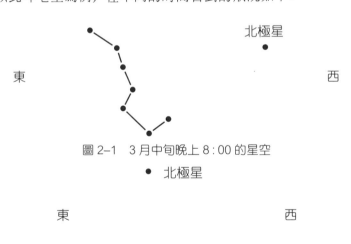

圖 2–1　3 月中旬晚上 8：00 的星空

圖 2–2　6 月中旬晚上 8：00 的星空等於 3 月中旬凌晨 2：00 的星空

為什麼在 6 月中旬晚上 8：00 看到的星空和 3 月中旬凌晨 2：00 看到的星空是一樣的呢？因為在 3 月晚上 8：00 之後，每一小時北斗要從東向西轉 15°，所以到凌晨 2：00 要轉 90°。但是以同樣的晚上 8：00 來說，每一天星星要提前 4 分鐘昇起，3 月到 6 月是 90 天，相當於提早 360 分鐘也就是 6 小時，是 24 小時的 $\frac{1}{4}$，等於是已經多走了 360° 的 $\frac{1}{4}$ 即 90°。所以 6 月晚上 8：00 的星空和 3 月凌晨 2：00 的星空是一樣的。

古書上說（戰國《鶡（ㄏㄜˊ）冠子》）：「斗柄東指，天下皆春，斗柄南指，天下皆夏，斗柄西指，天下皆秋，斗柄北指，天下皆冬。」在一天之中，斗柄可以從東指（3 月晚上 8：00）變化到斗柄南指（3 月凌晨 2：00），所以上面這句引言應該是指在定時（晚上 8：00）觀星所得到的結論❷。

回頭來解釋為什麼每一天星星會提早 4 分鐘昇起。如圖 2–3：

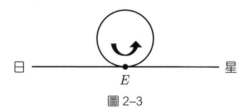

圖 2–3

地球在 E 點看到太陽下山而星星昇起。從地球看，第二天太陽下山時日、地、星的關係如下（太陽由西向東轉了 $\frac{360}{365}$°）：

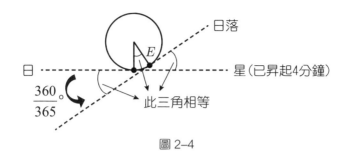

圖 2–4

星星射向地球的光線平行不變，但是 E 總共轉了 $(360 + \frac{360}{365})°$，亦即 $(1 + \frac{1}{365})$ 圈，相當 24 小時 = 1440 分，所以假設星星已經昇起了 x 分鐘而有：

$$x : \frac{1}{365} = 1440 : (1 + \frac{1}{365})$$

$$或 \; x : \frac{1}{365} = 1440 : \frac{366}{365}$$

$$x : 1 = 1440 : 366$$

$$x \approx 3.9 \; 分鐘$$

上述的論證從地球公轉和自轉解釋了為什麼每一天星星會提早 4 分鐘昇起，同時當然也提早 4 分鐘從地平線落下，以至於讓四季的星空呈現不同的面貌。並且在不同月份觀察到的星空互有關聯，例如

3 月 04 時

4 月 02 時

5 月 00 時

6 月 22 時

7 月 20 時

的星空皆同。

《詩經》「國風豳風七月」有「七月流火，九月授衣」，意思是如果在七月（晚上 8：00）看到大火星（心宿二）向西南方地平線落下，就應該準備冬衣，以便九月可以禦寒。這代表庶民在進入農業社會後，對四季的感知❸。

至於職業的觀星者，他們會發現北斗七星無論何時，它們之間的相關位置是不變的，有如我們認識的「全等形」，也就是說，星空的整體對觀星者而言，只有旋轉角度的關係，而無相對位置的改變。因此他們結論：天空是一個天球，每天繞北極星旋轉，每 24 小時旋轉一周，但是每一天又提前 4 分鐘，周而復始。這個看法的另一個說法就是「從地球看，天球每 23 小時 56 分鐘繞北極星旋轉一圈」。

事實上，由於諸恆星距離地球太遠，因此舉目觀星，只有角度（方位）而無遠近，所以將「星星的家園」看成是一個天球，如果比照地球儀，將天球上諸恆星在球面上排好，就得到一個「天球儀」，又稱星表。自古以來，製作準確而完整的星表，是天文學極其重要的工作❹。

正如地球儀上有地球上的經緯度，在天球上也有經緯度，依據不同的觀點而分為赤經赤緯、黃經黃緯和地平坐標系三個系統❺。在天球上，每一個恆星都有確定的赤經赤緯和黃經黃緯。

首先，在球面上有許多所謂的大圓，這些大圓都是以球心為圓心的圓，例如地球上的赤道或是任一條通過南北極的子午線。任意選擇一個大圓作為球面上的「赤道」而將通過球心與「赤道面」垂直的直線和球面所交的兩點定為南極和北極，便可在球面上發展一套經緯度，「赤道」便是緯度為 0° 的大圓。

現在若以天北極為天球之北極，並以天球上與北極夾 90° 的大圓為天赤道，便會得到赤經、赤緯系統，在這個系統中，天赤道其實是地球赤道被地心投影到天球上的軌跡，也是所謂的赤緯 0°。

此外，從地球觀察太陽的軌道，在天球上形成一個稱為黃道的大圓，若是以黃道為黃赤道，便可發展黃經黃緯，黃道與天赤道有一23.5° 的夾角，如圖 2–5：

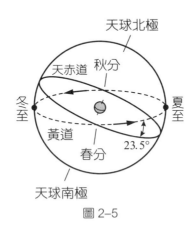

圖 2–5

天赤道和黃道的兩個交點分別為春分與秋分點，並將春分點定為赤經和黃經的 0°，秋分定為赤經和黃經的 180°。

當太陽在天球上行走時，每一時刻從地球（或地心）向太陽發出的射線再射到天球上的一顆恆星，這個恆星便稱為此刻太陽的恆星背景，我們便以此恆星的赤（黃）經緯度描寫太陽的位置。

早先西方黃道 12 宮或中國 28 宿❻的訂定正是為了說明某一時刻太陽、月球和諸行星的位置。現在是以黃（赤）經緯度描述太陽系的位置而無需借重恆星背景❼。

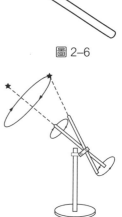

圖 2-6

腳註

❶ 觀星者通常使用窺管，如圖 2-6，觀察並記錄星星的軌道；如果用兩根連著的窺管，如圖 2-7，一根定住北極星，另一根定住某一恆星，例如北斗中的天樞，則在整晚北極星不動，而定住天樞的管子會繞不動的管子做等速圓周運動。因此觀星者有一個結論：所有恆星各自進行等速圓周運動，並且彼此之間相對位置不變。

❷ 《老殘遊記》第十二回：「心裡想道：『歲月如流，眼見斗杓又將東指了，人又要添一歲了。一年一年的這樣瞎混下去，如何是個了局呢？』」

❸ 中國之大火星並非 Mars，後者是太陽系的第四顆行星，前者是一顆恆星，屬於東方蒼龍七宿中心宿的第二顆星，所以稱為心宿二，又稱為大火，是夜空中第 14 亮的星，也稱為商星。在西方，大火星屬於天蠍座。

圖 2-7

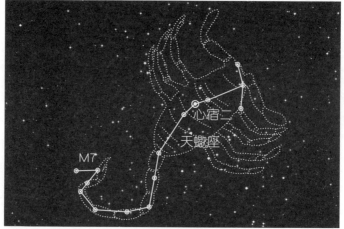

圖 2-8

中國古代將天上的恆星分為：

中官北極三垣	紫微垣、太微垣、天市垣					
東官蒼龍七宿	角	亢	氐	房	心	尾	箕
北官玄武七宿	斗	牛	女	虛	危	室	壁
西官白虎七宿	奎	婁	胃	昴	畢	觜	參
南官朱雀七宿	井	鬼	柳	星	張	翼	軫

東南西北官共 28 宿，後來又增加南極星區。七月流火，七月為夏（朝）曆，相當於現在陽曆的八、九月。

❹ 克卜勒 (1571～1630) 在 1627 年完成的魯道夫星表（為紀念神聖羅馬帝國皇帝魯道夫二世 1552～1612）記錄了 1005 顆恆星在天球上精確的位置，是當時最準確的星表。

❺ 這三個坐標系可以互相轉換。（見延伸閱讀 2.1：評康熙朝的一場天文比試）

❻ 古代中國在天球上用的是去極度和入宿度。（見第 3 章）

❼ 西洋占星術起源於西元前 600 年的巴比倫，春分點的太陽背景是白羊座，由於春分點的西移，從西元 600 年前到現在，大約產生了 36° 的歲差，而使春分點的太陽背景落在雙魚座。但是現階段為了占星所定的各星座對應日期已經與太陽的恆星背景脫鉤了。

|討論議題|

1. 如果晚上 6:00 某一顆赤緯為 20° 的恆星在臺北東方地平線昇起，如何預測當晚該恆星何時消失在西邊地平線？（見延伸閱讀 2.2：太陽直射地球的緯度）

2. 為什麼杜甫詩說：「人生不相見，動如參與商」？

3. 中國古稱 28 宿，宿是什麼意思？

4. 中國古稱星座為星官，為什麼？

5. 如果歲差的週期是 25772 年（即 25772 年春分點西移 360°），則每一年春分時太陽西移 50.3 弧秒，即約 71.6 年西移 1°，請說明為什麼在西元 2700 年春分時，太陽會退出雙魚座而進入寶瓶座？

6. 黃道是指從地球所見太陽在天球上的軌道，為什麼黃道和天赤道夾 23.5° 角？

7. 為什麼黃道在天球上是一個大圓？

8. 天球上的赤經、赤緯與地球的經緯度有何關係？

9. 在第 1 章中，為什麼天樞星的赤經度數比搖光星要小？

10. 恆星在天球上的經緯度短期不變，但是時間久了之後是不是會改變呢？

第 3 章　恆星的位置

在上一章中，我們在天球上以天赤道（或黃道）為赤緯（或黃緯）零度而建立了赤（黃）經赤（黃）緯系統。在這兩個系統中，同樣是以黃（道）赤（天赤道）之交為黃（赤）經零度。下表列出春、秋分和夏、冬至這四個最重要的節氣，太陽位置的經緯度[1]：

	春分	夏至	秋分	冬至
赤經	0°	90°	180°	270°
赤緯	0°	23.5°	0°	−23.5°
黃經	0°	90°	180°	270°
黃緯	0°	0°	0°	0°
陽曆 2015 年	3 / 21	6 / 22	9 / 23	12 / 22

如圖 3–1：

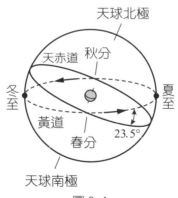

圖 3–1

太陽所在的赤緯其實也就是太陽直射地球的緯度，例如春、秋分時，太陽直射（通過）赤道，夏至時太陽直射北緯 23.5°，此刻距離赤道最遠，冬至時太陽直射南緯 23.5°，同樣距離赤道也是最遠，故稱兩至。

中國古代是以立竿見影的方式來掌握夏至和冬至。大致上，立一根長 8 尺（約 2 公尺）的竿子（稱為表）來測日影，以每天正午（即一天中日影最短的時刻）為準，全年之中，日影最短者為夏至，最長者為冬至。如此累積 $365 \times 4 + 1$ 天，而得一循環，所以中國很早即以 $365\frac{1}{4}$ 天為一年，但並未將歲差納入考慮[2]。（見陳久金、楊怡，《中國古代的天文與曆法》頁 72，臺灣商務印書館。）

照理，從地球上觀星，最方便的位置紀錄應為赤經赤緯，但是在某些情形，例如行星運行，以黃經黃緯表示比較容易知道行星軌道與黃道的密切關係。下圖是木星在 2007～2008 的軌道位置，圖中明顯的看到逆行現象（引自《千古之謎》頁 73 圖 3–15）。

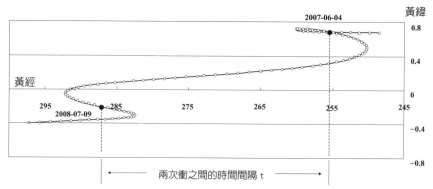

兩次逆行的木星在天球上的位置軌跡。兩次衝 2007 年 6 月 4 日至 2008 年 7 月 9 日的時間間隔為 400 天。

圖 3–2

　　圖中可以看到木星軌道在黃緯 0.8°～−0.8° 之間，黃經從 245°～ 295°，即從西向東運行。此外，若要理解每一天太陽所在的赤經 α 赤緯 δ 位置，則因每一天太陽大致在黃道上移動 1°，而黃緯始終是 0°，所以令黃經為 λ°，黃緯為 0°，則由換算公式知 ❸

$$\sin \delta = \sin \varepsilon \sin \lambda$$
$$\cos \alpha \cos \delta = \cos \lambda$$

由此可解出 δ 和 α。例如小滿時（2015 年陽曆 5 月 21 日），太陽在黃經 60° 黃緯 0°，則

$$\sin \delta = \sin 23.5° \sin 60°$$

解出 $\delta = 0.34533$ 弧度 $\approx 20°$，再由 $\cos \alpha = \dfrac{\cos 60°}{\cos 20°}$ 解出 $\alpha \approx 58°$。注意到小滿時太陽走到黃經 60°，對應的赤經只到 58°❹。

　　至於月球的位置，亦以黃經黃緯來表示，若處於黃緯 0°，而黃經與太陽的黃經相同，就是日蝕發生之時。

　　接下來，我們要說明古人實測星體赤經赤緯的方法。首先，星體 A 的赤緯容易測得，其實就是星體 A 與北極星夾角的餘角。想像觀星者坐在一個大圓環的圓心，從圓心伸出兩根窺管，一根指著北極星，一根指向星體，圓環上刻有角度用以標示赤緯，如圖 3–3：

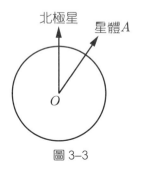

圖 3–3

當窺管 *OA* 沿著圓環上下滑動時，從窺管中見到的星體均有同樣的赤經。

現在將 *OA* 滑到與北極星垂直的位置，*OA* 指向天赤道，我們再加上一個有角度刻度的水平圓環，如圖 3-4：

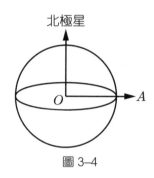

圖 3-4

此時將窺管 *OA* 沿水平圓環滑動，便可記錄在天赤道上的諸星及其間相距的赤經度數。至於赤經 0° 或 180° 的確立就必須等待太陽在三月中旬日落時分剛好出現在天赤道時，此刻在反方向地平線剛昇起的星體，其赤經就是 180°，這一天正是春分❺。

由於天球是一個球面，因此必須善用天球上的大圓（以地心為圓心的圓）來定出赤經緯❻。

事實上，中國古代的「儀」就是如此設計❼。例如東晉時孔挺所設計的「渾儀」是由四環一（窺）管組成。

四環中，赤道環平行於天赤道，地平環平行於地平面，子午環連接南北天極，四游環相當於赤經環，是活動的，可繞通過南北天極的極軸旋轉。與四游環共面的是一根可以繞環心滑動的窺管，又名「衡」（參見附錄 3.1：觀象授時──中國古代的渾儀，林聰益）。

地平環與地平坐標有關，如圖 3–5：

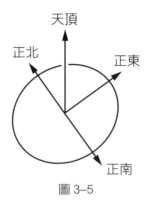

圖 3–5

　　觀星時居於地平環之圓心，過圓心垂直於地面的方向指向天頂，任一星體在地平坐標中有仰角及方位角兩個參數。仰角是指星體與地平面的夾角。從天頂連星體的子午線與地平面有一交點，此一交點從正北以順時鐘方向量出的角度稱為方位角❽。

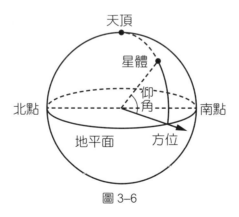

圖 3–6

腳註

❶ 黃赤之交有兩點，北半球春天交的那一點稱為春分點，定為經度零度，每年發生在 3 月 20 日或 21 日。春分為太陽通過赤道或直射赤道的瞬間，此一瞬間若是發生在 3 月 21 日的 24 小時範圍之中，則 3 月 21 日就是日曆上的春分。

❷ 中國古代將夏至到冬至或冬至到夏至中間各均分 12 時段，而定 24 節氣，如此的定法並未考慮到太陽在黃經上確實的位置。到清初西法傳入之後，才改為以每黃經 15° 定一節氣，稱為定氣。以前以平均時段定節氣的方法稱為平氣。例如太陽在黃經 15° 是清明，2014 年清明發生在 4 月 5 日。照此法共定出 24 個節氣 ($\frac{360°}{15°} = 24$)。春、秋分時，太陽直射赤道，地球上任一緯度皆為日夜均分（如圖 3–7），故稱分，分者均分也。

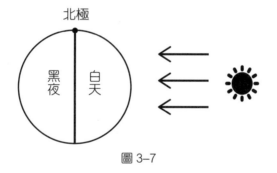

圖 3–7

❸ 以 (λ, β) 表星體的黃經黃緯，以 (α, δ) 表赤經赤緯，兩者之間的換算公式如下：

$$\sin \delta = \sin \varepsilon \sin \lambda \cos \beta + \cos \varepsilon \sin \beta$$
$$\cos \alpha \cos \delta = \cos \lambda \cos \beta$$
$$\sin \alpha \sin \delta = \cos \varepsilon \sin \lambda \cos \beta - \sin \varepsilon \sin \beta$$

或

$$\sin \beta = \cos \varepsilon \sin \delta - \sin \alpha \cos \delta \sin \varepsilon$$
$$\cos \lambda \cos \beta = \cos \alpha \cos \delta$$
$$\sin \lambda \cos \beta = \sin \varepsilon \sin \delta + \sin \alpha \cos \delta \cos \varepsilon$$

式中 ε 代表黃赤交角，近似值是 23.5°。

換算公式的證明見延伸閱讀 2.1：評康熙朝的一場天文比試、延伸閱讀 2.2：太陽直射地球的緯度。

❹ 解 $\sin\delta = \sin 23.5° \sin 60°$ 時，搜尋「arcsin((sin(23.5 deg)) * (sin(60 deg)))」就會得到 δ 的弧度值，再乘以 $\dfrac{180}{3.14}$ 換成度。

解 $\cos\alpha = \dfrac{\cos 60°}{\cos 20°} = \dfrac{1}{2\cos 20°}$ 時，搜尋「arccos(1 / (2 cos(20 deg)))」得到 1.009 弧度，約 58 度。

❺ 有可能太陽今天下山時與北極星夾 90.5°，而明天下山時與北極星夾 89.5°，就必須以內插法求介於其間準確的春分點。

❻ 維基百科上對各星體的位置紀錄都是赤經赤緯。例如天樞赤緯是 61.45°，赤經是 11h03m，1h 代表 15°，1m 代表 15 弧分相當 $\dfrac{1}{4}$ 度。

❼ 星體與北極星的夾角，中國古稱去極度。不過中國所謂的一周天是用 $365\dfrac{1}{4}$ 度（而非西方所用的 360°）。由於地球距天球甚遠，所以將觀星者的位置當成是天球的球心位置。中國古代用去極度和入宿度表星體的赤經緯，去極度即赤緯的餘角。至於赤經，中國古代把包括天赤道在內的一個較寬的範圍中的恆星由西往東分成 28 個天區，稱為 28 宿，每宿都有一顆距星作為其準星，所謂的入宿度指的是星體和它西邊的第一顆距星的赤經差（請見陳久金、楊怡，《中國古代的天文與曆法》頁 4、26）。

❽ 地平坐標中星體的仰角及方位角由於地球自轉而隨時間變化，所以可在航海時用以辨識船在地球上的經緯度。（見延伸閱讀 3.1：地平坐標系及延伸閱讀 11.2：航海時計算恆星經度差）

|討論議題|

1. 2013 年 6 月 8 日晚上 11：56 月亮通過太陽和地球之間，因此這一天定為農曆五月初一，但是萬年曆卻將 6 月 9 日定為農曆五月初一，為何如此？（網路搜尋：端午節鬧雙胞）

2. 如果立一長 2 公尺之竿（表）垂直地面，取其影長最短的時刻為正午，則在夏至這一天（太陽直射北緯 23.5°）在臺北（北緯 25°）正午的影長是多少？又在冬至這一天正午的影長為多少？（夏至 $2 \times \tan(25° - 23.5°)$ 公尺，冬至 $2 \times \tan(25° + 23.5°)$ 公尺）

3. 承上題，在臺北假定在正午時分確定了影長，則影長的方向即代表正北方向，是否如此？

4. 請利用黃赤經緯互換公式檢查兩分和兩至的數據，即從赤（黃）經緯檢查黃（赤）經緯是否正確？

5. 如果知道太陽直射地球的緯度，就可以計算某地（例如北緯 25° 的臺北）的晝夜長短，這和理解某一赤緯的恆星從地平線昇起到從地平線落下之間的時間長短方法是一樣的，為什麼？（見延伸閱讀 3.2：晝夜長短與日出方位）

6. 每晚北天極的位置很清楚，但如何在天球上找到黃極，亦即黃緯 90° 的這一點？（赤經 270°，赤緯 66.5°）

7. 如果同時要量星體的黃經、黃緯，需要在渾儀上加添哪些裝備？

8. 日蝕、月蝕發生時，月球的黃經黃緯度數應為多少？

9. 在赤道上的位置，每一天都是晝夜均分，為什麼？

10. 你能在天球上畫出月亮走的軌跡（白道）嗎？（網路搜尋：「月出於東山之上，徘徊於斗牛之間」）

11.木星繞日的週期是 11.86 年約 4332 日，由此計算衝到衝的間隔是 400 天。（參考本章木星逆行圖及本書第 9 章）

12.在太陽下山不久，北極星出現，量北極星和太陽的夾角，可知太陽的赤緯，如此是否可知太陽的黃經？（此一夾角為 90° 時，當天是春分。）

第4章　中國的陰陽合曆和格里高利西曆

　　人類生活在地球，幾千年前，對身處的地球知之甚少，卻對天文有高度的興趣和累積相當豐富的經驗，究竟是什麼原因？

　　推究起來，大致是㈠人類從天空中看到許多週期現象，例如：日、月、星辰的東昇西落、四季星空的季節變化和日、月蝕的發生，每晚群星繞著北極星旋轉周而復始，人類必定是從心底發出了對這些週期運動的好奇，進而想要理解、掌握和預測。㈡人類在進入農業社會之後，社會組織和生活型態都隨之改變，對一年四季天候的變化亟需掌握，以便能夠春耕夏耘秋收冬藏，過比較安定的生活，因此對天象的觀測和對自然現象的預測變得非常重要。例如對古埃及人來說天狼星與日偕昇的這一天就代表了尼羅河即將氾濫，於是整個部落開始整理家當準備往高處遷徙。㈢當有了初步的國家組織之後，至少為了管理的效率，必須訂出曆法，例如告訴大家什麼時候插秧、什麼時候過年等等。㈣尤其特別的是古希臘的天文學者對行星逆行現象的困惑。本來在天空中的恆星看來是極安靜的「掛」在天球上，而太陽及月亮在其間穿梭，掌握週期之後，分別據以訂出了陽曆和陰曆。但是偏偏有水星、金星、火星、木星、土星這五個「怪胎」並不進行等速圓周運動，現在我們大致明白原來當年這五大行星其實和地球一樣均是繞太陽旋轉，但是硬要從地心說來看這些本應是日心說的行星，難怪當局者迷，看到了詭異的行星逆行現象如圖 4-1❶（項武義、姚珩、張海潮，《千古之謎》頁 67 圖 3-10，臺灣商務印書館）。

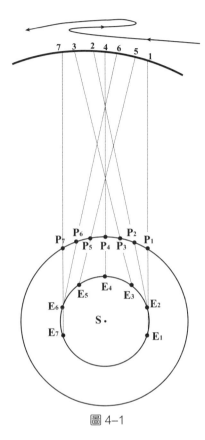

哥白尼模型中的行星逆行圖。S 是宇宙的中心太陽，E 是地球，P 是地外行星，E_1 到 E_7 與 P_1 到 P_7 分別是連續七個相同時間間隔，地球與行星的位置。最上方的背景 1 到 7，則是運動中的地球看運動中的地外行星，在天球上的投影位置，可以發現 1–2–3 是由西朝東方向前進，3–4–5 是由東向西方向前進，5–6–7 又回到由西朝東方向前進，由此可知 3–4–5 期間產生了「逆行」(《千古之謎》頁 67 圖 3–10)。

圖 4–1

　　上述㈠、㈡、㈢點大體上為各民族所共見，並不稀奇，倒是第㈣點，基本上為古希臘所獨有，這不能不佩服古希臘天文學家的好奇心和探索精神，以及發展出來的數學工具——精緻的幾何學和務實的三角學。這一點我們將在 6、7 章仔細說明。

　　現在世界通用的（陽）曆法，是由羅馬皇帝凱撒（Julius Caesar，西元前 100～44）禮聘埃及的天文學家訂定，選擇春分這一天定為 3 月 25 日，並且為了調整當時舊的日曆，決定把西元前 46 年的日子加長到 445 日，然後正式啟用，規定每年為 365 日，四年一閏，也就是

說一年平均有 365.25 日。

　　但是由於春分點西移而使太陽從春分點移動到下一次春分點（稱為回歸年）的時距只有 365.2422 日，累積到了 16 世紀中葉，實際上太陽過赤道的春分時刻已經約發生在 3 月 25 日之前 12 天，於是由當時天主教的教皇 Gregory（格里高利）主導改曆。

　　話說，在西元 325 年由君士坦丁大帝在尼西亞召開的宗教會議 (First Council of Nicaea) 中，已經將復活節定在每年春分之後的第一個月圓之後的第一個週日。若是春分的實際發生日期一直後退，復活節終將會變成發生在 12 月，搞不好還會和聖誕節攪在一起。所以如果說 Gregory 是為了天主教來進行改曆，並不為過。

　　Gregory 先把 1582 年的 10 月 5 日改成 10 月 15 日，讓春分點回到 3 月 21 日，然後又規定每 4 年一閏，但是逢百年不閏，逢四百年閏，將每四百年原本閏 100 天改為只閏 97 天，於是一年變成平均 365.2425 日，比較符合回歸年的 365.2422 日。

　　當時新教的國家（如英國）和東正教的國家（如俄國、希臘）並沒有立刻服從 Gregory 的曆法，但是到了 1923 年希臘歸 Gregory 曆之後，全世界幾無例外[2]。用同一本曆法當然對大家都方便，倒未必是為了宗教的理由。我們現在用的日曆正是 Gregory 曆。

　　自古中國一直使用陰曆，即以月亮繞地球一周為一個月，由於月繞地的週期是 29.53 天，所以將陰曆月分成大月小月，大月 30 天，小月 29 天。

　　前文提到，所謂初一（朔）指的是月亮通過太陽和地球之間的瞬時，但是此一時刻地球面對太陽，只能用內插法估計而無法觀測[3]。但是古代中國倒是有一個十九年七閏的方法可以在 19 年之中確定有幾個大月、幾個小月。

首先，我們認知到太陽年是 365.25 日而陰曆月是 29.53 天，陰曆年是 354.4 天。陰曆年和太陽年對不到一起，但是計算

$$365.25 \times 19 \div 29.53 \approx 235.00677$$

也就是說，19 個太陽年相當於 235 個陰曆月，可是 19 個陰曆年本是 228 個陰曆月，比 235 少 7，因此只要在 19 個陰曆年中加上 7 個閏月，則在 19 年後，陰陽曆又可再次同步。

那麼，如何安插這額外的 7 個月呢？中國人想了一個「無中置閏」的辦法。在討論這個辦法之前，先來複習一下 24 節氣❹。

前文提到以太陽在黃道上的位置每黃經 15° 定一節氣如下表：

節氣	立春	雨水	驚蟄	春分	清明	穀雨	立夏	小滿
太陽黃經度	315°	330°	345°	0°	15°	30°	45°	60°
節氣	芒種	夏至	小暑	大暑	立秋	處暑	白露	秋分
太陽黃經度	75°	90°	105°	120°	135°	150°	165°	180°
節氣	寒露	霜降	立冬	小雪	大雪	冬至	小寒	大寒
太陽黃經度	195°	210°	225°	240°	255°	270°	285°	300°

古代中國沒有陽曆，因此在日曆上只有陰曆和 24 節氣，24 節氣其實代表陽曆，只是不是像現在逐天逐天的陽曆而是跳躍的陽曆，只標示 24 天。

如果拿一本現在的日曆，把上面的陽曆抹去，只留下 24 節氣和陰曆（例如 2015 年陰曆 2／2，陽曆 3／21 這天是春分，只留下陰曆 2／2 及春分），這就是在民國以前用的日曆，又稱「陰陽合曆」或農民曆。

在 24 節氣中，如果黃經度數是 30 的倍數，就稱為中氣，一共有 12 個中氣，剩下的稱為節氣。順著每一個陰曆月往下看，如果一個陰曆月中沒有中氣發生，就將此一陰曆月置為閏月，月份同前一個陰曆月。

例如 2014 年的陰曆 9 月，陰曆 9／1 等於陽曆 9／24，陰曆 9／30

等於陽曆 10 / 23，陽曆 10 / 23 這一天正好是中氣霜降。

下一個陰曆月從初一（陽曆 10 / 24）到陰曆 29 日（陽曆 11 / 21），這一個月沒有中氣，下一個中氣小雪發生在陽曆 11 / 22，因此從陽曆 10 / 24 到陽曆 11 / 21 的這一個陰曆月就定為閏 9 月，這就是「無中置閏」的辦法。

雖然許多民族都知道 19 個太陽年等於 235 個陰曆月，但是以置閏月的辦法來作出「陰陽合曆」的卻只有古代中國❺。

✵ 腳註

❶ 中國古代亦有行星順逆的紀錄，見《史記天官書》:「察日月之行以揆歲星順逆」。司馬遷在《天官書》中將木星所在位置代表的吉凶做了一番闡釋。司馬遷又提到:「歲星出，東行十二度，百日而止，反逆行，逆行八度，百日，復東行。歲行三十度十六分度之七，率日行十二分度之一，十二歲而周天。出常東方，以晨，入於西方，用昏。」古代中國稱木星為歲星。

❷ 延伸閱讀 4.1: 倫敦奧運誰遲到?，曹亮吉，《科學人》2012 年 3 月號。

❸ 由於白道（月繞地的軌道面）並不和黃道面重合，所以初一並不一定發生日蝕。陰曆十五也不一定發生月蝕。

❹ 24 節氣有一口訣: 春雨驚春清穀天，夏滿芒夏暑相連，秋處露秋寒霜降，冬雪雪冬小大寒。

❺ 伊斯蘭曆（回曆）與季節脫鉤，完全以月相為準。每當新月出現，定為每月初一，12 個（陰曆）月為一年，閏年於第 12 個月加 1 天，每 30 年中設 11 個閏年。平均每年 354 天又 8 小時 48 分。每隔 2.7 年和公（陽）曆差 1 個月，因此 19 年差 7 個月 (19 ÷ 2.7 ≈ 7)。（網路搜尋伊斯蘭曆）

| 討論議題 |

1. 天文官在中國是世襲制，甚至不因朝代更迭而異動，為何如此？

2. 日、月蝕有沒有週期？為什麼？

3. 有人說，其實一太陽年的日數，一陰曆月的日數都是無理數，基本上無法找出最小公倍數，你認為合理嗎？

4. 為什麼尼西亞會議不把每年的復活節訂死（如聖誕節一定在 12 月 25 日）？

5. 牛頓在《自然哲學的數學原理》中說：「絕對的、真實的和數學的時間，由其特性決定，自身均與地流逝，與一切外在事物無關，又名延續；相對的、表象的和普通的時間是可感知和外在的（不論是精確的或是不均勻的），利用運動量度時間的延續，它常被用以代替真實時間，如一小時、一天、一個月、一年」。請評論牛頓所言。

6. 參考本章所引《千古之謎》頁 67 圖 3–10 及其說明，哥白尼主張日心說，如何以日心說來解釋因地心說而看到的行星逆行現象？

7. 在 19 個太陽年中顯然有 235 個陰曆月，則大月、小月應該各擺幾個月？

8. 你在 19 歲時，陽曆生日的那一天恰好也是你的陰曆生日嗎？還是會差一天？或者因為你是閏月出生的，而無法還原陰陽曆？

9. 為什麼以無中置閏的辦法，在 19 年中恰好置了 7 閏，不多也不少？

10. 現在天狼星還會與日偕昇嗎？

11. 中國古代定一周天為 $365\frac{1}{4}$ 度，根據司馬遷《史記天官書》，木星歲行 30 度 16 分度之 7，計算木星走一周天需時多少？

12. 古希臘和古中國對行星逆行現象反應不同，為什麼？

第5章 《周髀》測日高及日徑

　　唐朝在科舉中設有明算科，進用數學人才。及第者可以做最基層的小吏，在衙門中負責有關計算的工作。既然要辦國考，當然需要「部編本」教科書，高宗於是下令天文／數學家李淳風（約西元604～672）編修十部算書作為明算科考試的標準本。這十部算書依序為《周髀算經》、《九章算術》、《海島算經》、《孫子算經》、《張丘建算經》、《夏侯陽算經》、《五曹算經》、《五經算術》、《綴術》、《緝古算經》。

　　在這十部算書中，只有《周髀》談到天文，而除了《周髀》、《九章》和《海島算經》外，其餘各書都沒有觸及到深刻的幾何問題❶。

　　《周髀》為算經之首，是中國最古老的天文／數學書，約成書於西元前一世紀。我們將在此章中討論與《周髀》有關的幾個重要議題：
㈠二十四節氣的訂立。
㈡測日高及日直徑的辦法。
㈢十九年七閏的訂立及對月球公轉的理解。

　　髀原是指周朝立在洛陽的一根竿子，用來測日影。髀的本意是大腿骨，代表直立的竿，竿也稱表。竿下有一量影長的水平刻度尺稱為圭，合稱圭表。

　　一天之中，日影有長有短，取最短者稱為（正）晷，定為每一天正午日影之長，然後比較一年中的變化。晷最短的一天為夏至，晷最長的一天為冬至，這一天晝最短。《周髀》說：

> 於是三百六十五日南極影長，明日反短。以歲終日影反
>
> 長，故知之三百六十五日者三，三百六十六日者一。故知一

歲三百六十五日，四分日之一，歲終也。

意思是，冬天太陽往南去，到了影子最長之後，又開始變短，經過 $365 \times 3 + 366$ 天之後的正午，又回復到影子最長，所以將平均年取成 $365\frac{1}{4}$ 日。古代中國不說四分之一日，而說四分日之一。

《周髀》又以影長來定 24 節氣：

凡八節二十四氣，氣損益九寸九，六分分之一。冬至晷長一丈三尺五寸，夏至晷長一尺六寸。問次節損益寸數長短各幾何❷？

冬至晷長丈三尺五寸，

小寒丈二尺五寸，小分五，

大寒丈一尺五寸一分，小分四，

立春丈五寸二分，小分三，

雨水九尺五寸三分，小分二，

啟蟄八尺五寸四分，小分一，

春分七尺五寸五分，

⋮

夏至一尺六寸，

⋮

秋分七尺五寸五分，

⋮

凡為八節二十四氣，氣損益九寸九分，六分分之一。

意思是說，二至二分再加上立春、立夏、立秋、立冬稱為八節，而節氣與節氣之間，晷長差 0.99 尺 $+\frac{1}{6}$ 分，1 丈等於 10 尺，1 尺等於

10 寸，1 寸等於 10 分。《周髀》採取平均分割影長的辦法來定節氣，先將春分的晷長取成冬、夏至的平均：$(13.5 + 1.6) \div 2 = 7.55$ 尺，而又取冬至 13.5 和春分 7.55 的差再除以 6 得到 0.99 尺 $+\dfrac{1}{6}$ 分，所以《周髀》論及的晷長其實是（啟蟄現稱驚蟄）：

冬至 13.5 尺

小寒 12.5 尺 $+\dfrac{5}{6}$ 分（所謂丈二尺五寸，小分五）

大寒 11.51 尺 $+\dfrac{4}{6}$ 分（所謂丈一尺五寸一分，小分四）

立春 10.52 尺 $+\dfrac{3}{6}$ 分（所謂丈五寸二分，小分三）

雨水 9.53 尺 $+\dfrac{2}{6}$ 分（所謂九尺五寸三分，小分二）

啟蟄 8.54 尺 $+\dfrac{1}{6}$ 分（所謂八尺五寸四分，小分一）

春分 7.55 尺

《周髀》採取晷影長度均分是基於認為大地是平面而太陽距地平面作等高等速運行。如圖，日高 y 是一個常數，每天作等速平移，到夏至之後南返，到冬至之後北返。

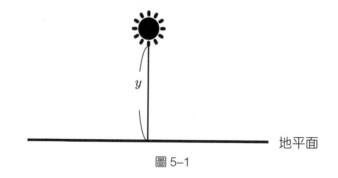

圖 5–1

中國古代以尺為基本單位（約 25 公分），一步是 6 尺，一里是 300 步相當 1800 尺（約 450 公尺）❸。在《周髀》中另有一段文字：

> 夏至南萬六千里，冬至南十三萬五千里，日中立竿無影。此一者天道之數。周髀長八尺，夏至之日晷一尺六寸。髀者，股也。正晷者，勾也。
>
> 正南千里，勾一尺五寸，正北千里，勾一尺七寸。日益表南，晷日益長。候勾六尺，即取竹，空徑一寸，長八尺，捕影而視之，空正掩日，而日應空之孔，由此觀之，率八十寸而得徑一寸，故以勾為首，以髀為股。
>
> 從髀至日下六萬里而髀無影，從此以上至日，則八萬里。若求邪至日者，以日下為勾，日高為股。勾、股各自乘，並而開方除之，得邪至日。從髀所旁至日所十萬里。
>
> 以率率之，八十里得徑一里，十萬里得徑千二百五十里。故曰日徑千二百五十里。

這段話首先說明了在夏至時，（洛陽）所見晷長是 1 尺 6 寸，若在洛陽南方一千里處，勾（即晷長）變成 1 尺 5 寸，而若在洛陽之北一千里，勾變成 1 尺 7 寸，這是《周髀》的想當然爾，稱為「勾之損益寸千里」，並沒有實證基礎。但是從圖 5-2 觀之：

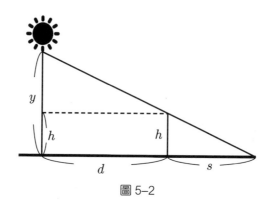

圖 5-2

竿高 h，影長（勾）s，則 $\dfrac{s}{h} = \dfrac{d}{y-h}$，若太陽高度恆為 y，則 s 與 d 成正比或 $\dfrac{s}{d}$ 為一常數，$\dfrac{s}{d} = \dfrac{h}{y-h}$，現在要來確定這個常數，由於 $\dfrac{s_1}{d_1} = \dfrac{s_2}{d_2} = \dfrac{s_1-s_2}{d_1-d_2}$，取 d_1 為洛陽，s_1 為 1.6 尺，d_2 為洛陽之南 1000 里，s_2 為 1.5 尺，可以求出 $\dfrac{s_1}{d_1} = \dfrac{0.1\ 尺}{1000\ 里}$ 或 $1.6\ 尺 = d\,\dfrac{0.1\ 尺}{1000\ 里}$，因此 $d = 16000$ 里。（見附錄 5.1：海島算經第一題）

此所以《周髀》說「夏至南萬六千里」，而冬至在洛陽的晷長是 13.5 尺，因此《周髀》說「冬至南十三萬五千里」，即在夏至時，洛陽距日下 16000 里，冬至距日下 135000 里，故曰「日中立竿無影」。再來解 $\dfrac{s}{d} = \dfrac{h}{y-h} = \dfrac{1}{\dfrac{y}{h}-1}$，由於 $\dfrac{y}{h}$ 很大，以 $\dfrac{y}{h}$ 代替 $\dfrac{y}{h}-1$，而有 $\dfrac{y}{h} = \dfrac{d}{s}$，$\dfrac{y}{8\ 尺} = \dfrac{16000\ 里}{1.6\ 尺}$，解得 $y = 8$ 萬里，此即《周髀》認為日高之數。

《周髀》繼續談到用一根長 8 尺的竹管，管徑一寸，在勾 6 尺的時候來觀察太陽。如圖 5–3：

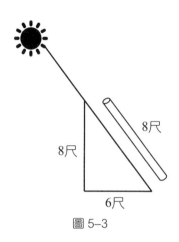

圖 5–3

利用夏至勾 1.6 尺推得距日下 16000 里的方式，得到此時距日下是 60000 里，又因日高是 80000 里。所以說「若求邪至日者，以日下為勾，日高為股。勾股各自乘，並而開方除之，得邪至日。從髀所旁至日所十萬里」。此處利用勾股定理而得到從觀察點到日的距離是100000 里，又因太陽在窺管縮成 1 寸，若太陽的直徑為 ℓ，則

$$\frac{\ell}{1 \, 寸} = \frac{100000 \, 里}{8 \, 尺}, \quad \ell = \frac{100000 \, 里}{80} = \frac{10000 \, 里}{8} = 1250 \, 里。$$ 這就是《周髀》所言：「以率率之，……，十萬里得徑千二百五十里」。

簡言之，《周髀》的結論是日高 80000 里，日徑 1250 里，1250 里相當 562.5 公里（1 里 = 450 公尺），這太陽也未免太小了（地球直徑已經超過一萬公里，遑論太陽）。

回到《周髀》以平均分段定 24 節氣的影長，以春分為例，如圖 5–4：

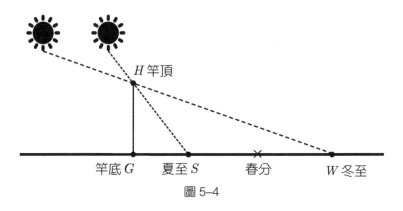

圖 5–4

《周髀》將春分點定在夏至 S 與冬至 W 的中點，這是因為《周髀》認為太陽從夏至距地平面等高等速走到冬至，而春分時太陽位置恰走到夏、冬至的中點，因此從圖中利用相似形成比例，當可知太陽到圖中春分的影尖連線應該是三角形 HSW 的中線。

但是若以地球為一球面來看：

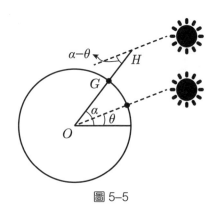

圖 5–5

圖中日光為平行光，直射北緯 $\theta°$，而 G 點是地球上北緯 $\alpha°$，則日光與竿 GH 在竿頂 H 的夾角是 $\alpha - \theta$。所以影長應該是：

$$晷 = \overline{GH} \cdot \tan(\alpha - \theta)$$

以洛陽為例，緯度是 $\alpha = 34.5°$，夏至時太陽直射 $\theta = 23.5°$，所以

$$晷長 = 8 \text{ 尺} \times \tan(34.5° - 23.5°)$$
$$= 8 \times \tan(11°) = 8 \times 0.2 = 1.6 \text{ 尺}$$

相當符合《周髀》的紀錄。

現在，如圖 5–6：

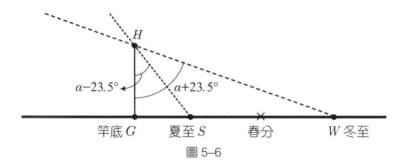

圖 5–6

夏至（冬至）時日光在竿頂 H 與竿 GH 的夾角是 $\alpha - 23.5°$（$\alpha + 23.5°$），而春分時，此一夾角是 α，太陽到春分的影尖連線應該是三角形 HSW 頂角的角平分線，而非《周髀》所認為的中線。

最後再來看一段引文：

> 何以知天三百六十五度，四分度之一，而日行一度，而
> 月後天十三度，十九分度之七？二十九日，九百四十分日之
> 四百九十九為一月？十二月，十九分月之七為一歲？

這一段是問：

我們如何知道一年是 $365\frac{1}{4}$ 天，而且把周天分成 $365\frac{1}{4}$ 度，因此太陽每天在天上走一度。至於月亮每一天相對恆星（所謂後天）由西向東走 $13\frac{7}{19}$ 度。為什麼每一個陰曆月是 $29\frac{499}{940}$ 天，而一太陽年是 $12\frac{7}{19}$ 個陰曆月？

我們解釋如下：

前面已經提到在 $365 \times 3 + 366$ 天後的正午日影從最長（冬至）回復到最長（冬至），因此每年平均 $365\frac{1}{4}$ 天。但是我們又知道 19 年 7 閏，相當於 235 個陰曆月，計算 $365\frac{1}{4} \times 19 \div 235 = 29\frac{499}{940}$ 是一個陰曆月的平均值（≈ 29.53 天稱為朔望月）。此外，19 年相當 235 個陰曆月，所以 $235 \div 19 = 12\frac{7}{19}$，即一太陽年相當 $12\frac{7}{19}$ 個陰曆月。

然後由於月亮繞地球是由西向東轉，一周天既然分成 $365\frac{1}{4}$ 度，從地球看每一個月，月繞地 $365\frac{1}{4}$ 度，所以每天繞 $365\frac{1}{4} \div 29\frac{499}{940} = 12\frac{7}{19}$ 度。不過這是從地球看，又因為從恆星看地球每天公轉 1 度，所以從恆星看，月球每天繞地要加 1 度，是 $13\frac{7}{19}$ 度，因此只要花 $365\frac{1}{4} \div 13\frac{7}{19}$ 天就繞地一圈：

$$365\frac{1}{4} \div 13\frac{7}{19} = 365\frac{1}{4} \div 12\frac{7}{19} \times \frac{12\frac{7}{19}}{13\frac{7}{19}} = 29.53 \times \frac{12\frac{7}{19}}{13\frac{7}{19}}$$

$$= 29.53 \times \frac{12 \times 19 + 7}{13 \times 19 + 7} = 29.53 \times \frac{235}{254} = 27.32 \text{ 天}$$

稱為恆星月。

☆ 腳註

❶ 十部算書中《綴術》失傳，除前三本外，大部分討論算術。例如《孫子算經》卷下首度提出雞兔同籠問題：今有雞、兔同籠，上有三十五頭、下九十四足，問雞、兔各幾何？（見《算經十書》，臺北九章出版社）

❷ 幾何古之用法意謂「多少」，後被徐光啟用為 "Geometry" 之中譯。此處引文為《周髀》自問自答。

❸ 中國歷代尺的長度都不相同，可以網路搜尋「中國古代的尺」。

| 討論議題 |

1. 唐代明算科，考《九章算術》三條，《周髀算經》、《海島算經》、《孫子算經》、《五曹算經》、《張丘建算經》、《夏侯陽算經》、《五經算術》各一條，十通六者合格。

   現在所謂 60 分及格是從唐代開始的嗎？

2. 明算科考試到宋代廢止，你覺得是什麼原因？

3. 請用《周髀》的記錄方式完成從春分到夏至各節氣的「尺寸」。

4. 請評論「勾之損益寸千里」。

5. 在《周髀》的引文中，有「候勾 6 尺」，為什麼一定要「候勾 6 尺」？又「周髀高 8 尺」與「窺管長 8 尺」有關嗎？

6. 明清兩代科舉中進士的有多少人？

7. 《周髀》說「冬至晷長一丈三尺五寸」合理嗎？

8. 古代中國將一周天定為 $365\frac{1}{4}°$，則在一天之中，日行一度，但是月球從一個恆星背景到下一個恆星背景，這兩個恆星相距 $13\frac{7}{19}°$，「月後天」是指月亮後面的天，對嗎？

9. 從《周髀》的紀錄來看，古代中國對分數的運算非常純熟，但是沒有小數的計算，為什麼？

10. 閱讀延伸閱讀 5.1：重差即比例常數，並完成附錄 5.1 的第二題。

第 6 章　中西幾何學的起源

　　目前中學平面幾何課程的教材均源自歐幾里得的《幾何原本》(或稱《原本》，原文為 *Elements*)。*Elements* 一字指的是(構築幾何學的)元件，相當於 Foundation，即(幾何學之)基礎。

　　在《原本》中，定性的定理有三角形三內角和是 180°，及全等形的判準如 SAS、ASA、SSS 和 RHS 等。定量的工具有㈠面積公式、㈡畢氏定理和㈢相似形成比例定理，其中㈡、㈢均用㈠的面積公式作為論證的基礎。

　　在古代中國，並未明言三內角和到底等於多少，但是中國人知道矩形是由兩個全等的直角三角形所拼成。如圖 6–1：

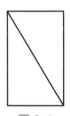

圖 6–1

　　這也等同於間接的理解直角三角形的兩個銳角和為一個直角。中國人一向善用相似直角三角形的成比例定理，但是並不涉及對一般三角形的理解，或認為一般三角形不過是兩個直角三角形之和或差，如圖 6–2：

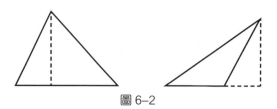

圖 6-2

左邊是把一三角形剖分成兩個直角三角形，右邊是把一三角形視為兩個直角三角形之差。因此一般三角形的面積公式或邊角關係便可從直角三角形面積公式或邊角關係得到。

至於勾股（畢氏）定理，可以說是歐氏幾何的招牌定理（附錄6.1：三角形內角和等於 180° 與畢氏定理），在中國，它首次出現在《周髀算經》。《周髀算經》的第一頁開宗明義探討數學或幾何學的要旨：

> 昔者周公問於商高曰：竊聞乎大夫善數也，請問古者包犧立周天曆度，夫天不可階而升，地不可得尺寸而度，請問數安從出？商高曰：數之法出於圓方。圓出於方，方出於矩，矩出於九九八十一。故折矩，以為勾廣三，股修四，徑隅五。既方之外，半其一矩。環而共盤，得成三、四、五。兩矩共長二十有五，是為積矩。故禹之所以治天下者，此數之所生也。
>
> 此方圓之法。
>
> 萬物周事而圓方用焉，木匠造制而規矩設焉，或毀方而為圓，或破圓而為方。方中為圓者謂之圓方，圓中為方者謂之方圓也。
>
> 周公曰：大哉言數，請問用矩之道。
>
> 商高曰：平矩以正繩，偃矩以望高，覆矩以測深，臥矩以知遠。環矩以為圓，合矩以為方。方屬地，圓屬天，天圓地方。

對於這一段文字的理解，必須先掌握「天圓地方」這個當時的「宇宙觀」，亦即圓與方是同時為先民所熟悉的幾何圖形❶。

所以當周公問商高什麼是數學的時候，商高的回答是先有圓與方，然後才由其中產生數。數的出現乃始於對圓、方形狀的理解。第一位注釋《周髀》的是東漢時的數學家趙君卿，他認為「圓徑一而周三，方徑一而匝四，伸圓之周而為勾，展方之匝而為股，共結一角，邪適弦五。此圓方邪徑相通之率，故曰數之法出於圓方。圓方者，天地之形，陰陽之數。」

亦即圓周是直徑的三倍，正方形的周長是邊長的四倍，將圓周展開置於勾，將正方形展開置於股，如圖 6-3：

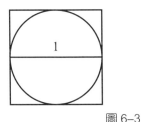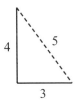

圖 6-3

則在斜邊上，就有長度五，圓與方因此而有了連繫。這也是中國首次出現勾股定理，或至少出現了下列等式

$$3^2 + 4^2 = 5^2$$

然後商高說：「故禹之所以治天下者，此數之所生也。」意思是大禹治水所用的基本測量概念就是勾股定理，而數學是由測量而發生的❷。

其次商高又向周公說明「用矩之道」，簡言之即以直角三角形的邊角關係測高、測深、測遠。至於平矩以正繩指的是將直角三角板之一股貼合鉛垂線，另一股則代表水平方向。

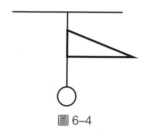

圖 6–4

環矩以為圓指的是用許多斜邊等長的直角三角形疊合出圓周。

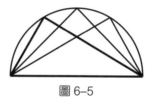

圖 6–5

或是用一個直角三角形，如圖 6–6：

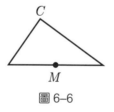

圖 6–6

取斜邊中點 *M* 釘在桌面，當三角形旋轉時，*C* 點畫出一圓。

合矩以為方指的是兩個全等的直角三角板拼成矩形。

圖 6-7

　　趙君卿在注中又提供了所謂的勾股圓方圖，是勾股定理的中國流證明，此一證明亦見於國中課本。圖 6-8 是勾股圓方圖之一的並實圖，並實是把面積相加的意思。

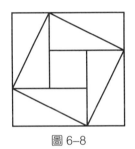

圖 6-8

　　中國尚有兩項幾何成就值得一提，一是《九章算術》劉徽注中談到的圓面積求法（半周乘以半徑）❸及錐體體積、球體體積的公式❹。另一成就是劉徽《海島算經》中的重差術。（延伸閱讀 5.1：重差即比例常數）

　　至於西方，眾所周知，古埃及人測地術是為幾何學之濫觴。

　　幾何，Geometry 一字由 Geo（大地）及 metry（度量）兩字合成。古代當埃及人看到天狼星與太陽先後在東方昇起（大約是夏至時分），就知道尼羅河一年一度的週期氾濫即將到來，於是收拾家當往高處避洪，待到洪水退後，再來重新丈量分配土地開始耕作。而丈量時，經常需要畫出直角以利面積之計算。

當時的測量人員稱為「拉繩者」(rope stretcher)，他們上工的時候提著一條打了 12 個結的圓繩❺：

圖 6–9

到了工地，利用三根樁將繩子撐開成下圖以製造直角。

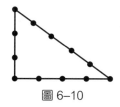

圖 6–10

海龍（Hero of Alexandria，西元 10～70）是希臘的數學家、工程師和測量師，他發明的海龍公式是利用三角形三邊長來計算三角形面積的公式：

$$(面積)^2 = \frac{1}{16}(a+b+c)(a+b-c)(a-b+c)(b+c-a)$$

式中 a、b、c 表三角形三邊長。

表面上看來，如果能夠丈量三角形的三個邊長就可以得到面積，而省去了求高的困難。但是由於這個公式涉及到開平方，一般的測量人員數學程度未及於此，所以會選用一些面積的近似公式，例如對一個近似長方形利用 $\frac{1}{2}(a+c) \cdot \frac{1}{2}(b+d)$ 來求面積。

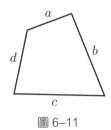

圖 6-11

　　根據 Morris Kline 在《古今數學思想》中的看法，測地術和純幾何的發展是有區別的，因為測地術並不是進階教育的一部分，他是交給測繪人員、泥瓦匠、木匠和其他工匠的。因此我們認為單從古埃及的大地測量要發展出精緻的希臘幾何必定是因為有其他的原因，例如哲學上對知識的探討或天文上對測量精準的要求。

🌟 腳註

❶ 古詩《敕勒川》：「敕勒川，陰山下，天似穹廬，籠蓋四野。天蒼蒼，野茫茫，風吹草低見牛羊。」

❷ 這一點（大禹治天下）與古埃及因丈量土地而發生幾何學互有對照。

❸ 《九章》原文是（圓田）術曰：半周半徑相乘得積步。

❹ 錐體體積亦見祖暅原理（或祖沖之原理或祖氏原理）。該原理說：冪勢既同，則積不容異。在西方稱為 Cavalieri's principle。換個角度看，球體也是球心對球表面積所張出的錐體。

❺ 關於拉繩者，網路搜尋：王善平，《古代希臘和中國數學比較之初探——「繩」與「矩」，「量」與「數」》。

討論議題

1. 複習（國中）利用面積公式證明畢氏定理和相似形成比例定理。

2. 試舉例解釋「偃矩以望高，覆矩以測深，臥矩以知遠」。

3. 討論圖 6–12、圖 6–13 兩圖與畢氏定理的關係。

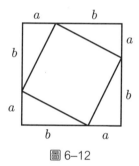

圖 6–12　　　　　圖 6–13

4. 討論圖 6–14 與畢氏定理的關係。

　（$\angle C$ 是直角，h 是高）

　（圖中有三個相似直角三角形）

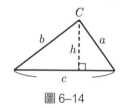

圖 6–14

5. 利用本章中趙君卿勾股圓方圖證明畢氏定理。

6. 如果知道兩邊 a、b 夾一角 C，如何利用 $\sin C$ 求面積？

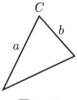

圖 6–15

7.《周髀》引文中「圓出於方，方出於矩，矩出於九九八十一」如何翻成白話文？

8.《周髀》的書寫方式和其他九本算書差很大，為何如此？

9.將圖 6–16 繞軸旋轉，利用祖氏原理可得圓柱體、圓錐體和球體的三者體積比。

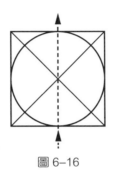

圖 6–16

10.將圖 6–17 繞軸旋轉，可得球面面積及圓柱面積相等。此法為阿基米德所發現。（網路搜尋：阿基米德，球體面積和體積）

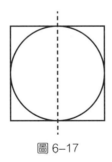

圖 6–17

11.複習海龍公式。

第7章　量天之術
——平幾、三角與坐標幾何

　　古希臘人可能是當時最具國際觀的民族，居於地中海之一側，很早就透過商業活動在地中海沿岸到處行旅並殖民，一方面從埃及學到基本的測地術，又從巴比倫及埃及學到許多天文知識。但是希臘人最大的特色乃是擅於分析知識的本質，利用演繹及推理將知識系統化、科學化和哲學化。歐幾里得集大成的著作《原本》就是最佳的例證。

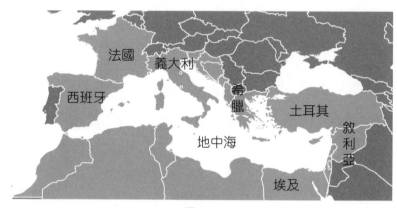

圖 7–1

　　就希臘幾何學的發端來說，最重要的有泰利斯（西元前 624〜546），他遊學埃及並首先證明了一個與對稱性密切相關的定理：等腰三角形兩底角相等。並衍生出等腰三角形底邊上中線、高、中垂線及頂角分角線均相同，是為該三角形之鏡射對稱軸。此一定理之重要性首見於證明 SSS 全等判定。

如圖 7–2，若有 $\triangle ABC$ 與 $\triangle A'B'C'$ 其對應三邊均等長，則兩三角形全等：

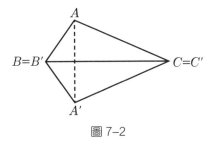

圖 7–2

連接 AA'，利用等腰三角形兩底角相等便可證明 $\angle A = \angle A'$，於是利用 SAS 判定可知 $\triangle ABC$ 與 $\triangle A'B'C'$ 全等。

希臘幾何的另一重要人物是畢達哥拉斯（西元前 580～492），以畢氏為名的畢氏定理自問世以來，有三百種以上的證明，但是具體而言，證明的方法只有三種思維，第一種即中國流，出現在國中課本中的大正方形套小正方形法（見本書第 6 章）。第二種證明即歐氏《原本》中第一卷命題 47，如圖 7–3：

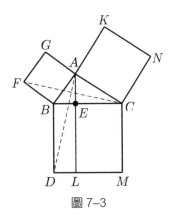

圖 7–3

證明的方式是：

矩形 $BDLE$ 面積 $= 2 \times \triangle ABD = 2 \times \triangle BCF =$ 正方形 $ABFG$ 面積

同理可得，矩形 $CMLE$ 面積 $=$ 正方形 $ACNK$ 面積

第三種證明是利用相似形成比例定理，如圖 7–4：

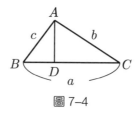

圖 7–4

在圖中有三個相似的直角三角形，其斜邊分別為 a、b、c，因此此三個三角形的面積比為 $a^2 : b^2 : c^2$，但是兩個小直角三角形之和等於大直角三角形，由此而得 $a^2 = b^2 + c^2$。

值得一提的是，此定理雖然是邊的關係，但是無法不利用面積來證明。讀者或許覺察，此一定理只涉及直角三角形，至於一般三角形又如何？如圖 7–5（不妨設 $\angle C$ 為銳角）：

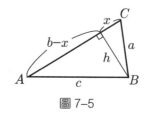

圖 7–5

利用 $\overline{AC}$ 上的高 h 將 $\triangle ABC$ 分解成兩個直角三角形，應用兩次畢氏定理而有：

$$c^2 = h^2 + (b-x)^2 = a^2 - x^2 + (b-x)^2 = a^2 + b^2 - 2bx$$
$$= a^2 + b^2 - 2ab\frac{x}{a}$$

最後一個等式是將 a、b 以對稱的地位改寫，於是發現有一個 $\dfrac{x}{a}$ 的量，此一比值正是 $\cos C$，所以得到餘弦定理 $c^2 = a^2 + b^2 - 2ab\cos C$。亦即對於 c^2、a^2、b^2 之間的關聯，須涉及一個角 C 的不變量。此一不變量真正的精神在於 $x = a\cos C$ 是 a 到 $\overline{AC}$ 邊的投影值。一般而言，如圖 7–6 中的直角三角形：

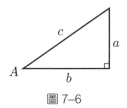

圖 7–6

c 到 b 邊的投影值定義為 $b = c\cos A$，而 c 到 a 邊的投影值定義為 $a = c\sin A$，此二式可視為 sin、cos 之基本定義。又由任意三角形的面積公式：

$$三角形面積 = \frac{1}{2}ch = \frac{1}{2}ca\sin B = \frac{1}{2}cb\sin A = \frac{1}{2}ab\sin C$$

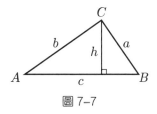

圖 7–7

同除以 abc 而得 $\dfrac{a}{\sin A} = \dfrac{b}{\sin B} = \dfrac{c}{\sin C}$，此即正弦定理。

　　話說當年希臘先賢早已看出歐氏《原本》對定量工具發展不足，而有上述正、餘弦定理之發明，當知完整的定量工具必定來自三角學。

下面再舉一三角學應用的例子：

假想在夜間觀察一恆星 A，如何確定 A 的赤經赤緯？

首先，赤緯容易決定，只要量 A 與北極星的夾角即可。至於赤經，則至少需要知道 A 與附近某一已知恆星 B 的夾角，然後透過 B 的已知經緯度來求 A。

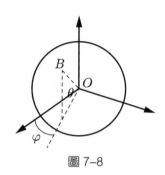

圖 7-8

假設 B 的赤經是 φ，赤緯是 θ，則單位向量 $\overrightarrow{OB} = (\cos\theta\cos\varphi,\ \cos\theta\sin\varphi,\ \sin\theta)$，若 A 的已知赤緯是 γ，未知赤經是 α，則 $\overrightarrow{OA} = (\cos\gamma\cos\alpha,\ \cos\gamma\sin\alpha,\ \sin\gamma)$，$\overrightarrow{OA}\cdot\overrightarrow{OB} = \cos(\delta)$，其中 δ 是所測恆星 A 到恆星 B 的夾角，將內積展開得：

$$\cos\gamma\cos\alpha\cos\theta\cos\varphi + \cos\gamma\sin\alpha\cos\theta\sin\varphi + \sin\gamma\sin\theta = \cos(\delta)$$

式中未知量只有 α，因此可由三角方法求得。

為了簡化計算，不妨設恆星 B 的赤經 φ 是 $0°$，則因 $\sin 0° = 0$，所以上式變成 $\cos\gamma\cos\alpha\cos\theta + \sin\gamma\sin\theta = \cos\delta$。（$\gamma$、$\theta$、$\delta$ 均為已知，由此可求出 α，α 是恆星 A 與恆星 B 的赤經差）

托勒密（西元 90～168）第一個定出從 $0°$ 開始到 $90°$，每 $0.25°$ 一間隔的正弦函數表，稱為弦表。為了理解正弦函數的和角、差角、倍

角、半角公式，托勒密證明了一個非常巧妙的托勒密定理。如圖 7–9，圓內接四邊形 ABCD 的邊長與對角線之間有下列關係：

$$\overline{AB}\cdot\overline{CD}+\overline{AD}\cdot\overline{BC}=\overline{AC}\cdot\overline{BD}$$

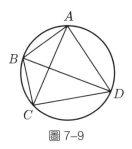

圖 7–9

他利用這個定理來得到正弦函數的相關公式[1]。

托勒密又著有 13 冊《至大論》，前八章分別描述日、月運動及恆星星表，後五章討論行星運動，主張以等速圓周運動的疊加來描述行星運動。在地心說的教條之下，將描述和預測行星軌跡的工作發揮到極致。一直到克卜勒之後，才逐漸被克卜勒的方法取代，我們將在後面的章節說明。

回到本章中定恆星經度的辦法，不難發現我們利用 sin、cos 將單位球面（即天球）上的恆星位置以坐標表示成單位向量，然後利用向量的內積來表示夾角的 cos 函數。這可以說是建立了一個通往向量／坐標幾何的橋樑，而事實上內積就是餘弦定理，外積就是正弦定理。內、外積配合三角構築了研究空間幾何的基本工具[2]。

歐幾里得的《原本》也有立體幾何，在 11、12、13 最後三章討論，第 11 章講空間基本概念和定理，例如該章命題 6：垂直於同一平面的兩直線互相平行。此一命題將來可以在坐標幾何中保證坐標的建構[3]。

第 12 章證明了(1)圓面積的比等於直徑平方的比(2)球體積的比等於直徑立方的比(3)錐體體積等於 $\frac{1}{3}$ 底面積乘以高。

第 13 章討論五種正多面體。

我們將在下一章舉例說明,即使在簡單的幾何工具之下,古希臘的天文／數學家仍然可以透過創意和巧思,得到相當好的測算結果。

腳註

❶ 網路搜尋:蔡聰明,《星空燦爛的數學(I)——托勒密如何編製弦表》。

❷ 高中學到兩向量 A、B 之間有

$$A \cdot B = |A||B| \cos \text{(夾角)}$$
$$|A \times B| = |A||B| \sin \text{(夾角)}$$

可見向量的長度、內積、外積包含了 sin、cos,而正、餘弦定理又包含了 SAS、ASA、SSS 全等形判定和相似形成比例定理。

❸ 如果接受《原本》11 章命題 6:垂直於同一平面的兩直線互相平行。並且如果已經利用平行公理在平面上建立了 xy 平面坐標,如圖:

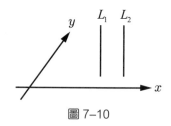

圖 7–10

則可取垂直 xy 平面的直線,向 z 方向建立坐標。

注意到如果 M 是 xy 平面上的一直線,則過 M 上各點垂直於 xy 平面的直線構成一個垂直於 xy 平面的平面 $P(M)$,在 $P(M)$ 上由直線 M 的平行線和垂直於 M 的直線也構成一個坐標平面。

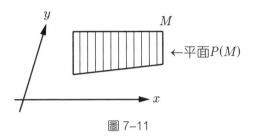

圖 7–11

從上述的討論很容易證明在空間中所有具相同 z 坐標的點可以構成一個平面，此平面與 xy 平面平行。由此完成空間坐標的建立。

可以這麼說，坐標平面或坐標空間是體現歐氏幾何的具體模型。

討論議題

1. 如果在空間中用某種方式（例如本章中的方式）建立起空間坐標，每一點有坐標 (a, b, c)，那麼從 $(0, 0, 0)$ 出發先沿 x 軸走到 a，再平行 y 軸走到 b，最後平行 z 軸走到 c。我們必須保證，交換 x、y、z 的順序用上法仍然可以走到 (a, b, c)，如何保證？

2. $\sin^2 A + \cos^2 A = 1$ 即畢氏定理，對嗎？

3. 為什麼正弦、餘弦定理包含了全等形判定和相似形成比例定理？

4. 利用正弦定理證明「三角形大角對大邊」，利用餘弦定理證明樞紐定理。

5. 托勒密如何靠托勒密定理得到 $\sin$、$\cos$ 的和差角和倍半角公式？

6. 為什麼在製弦表時需要和差角和倍半角公式？

7. 你一定知道 $\sin 30° = \dfrac{1}{2}$，$\sin 45° = \dfrac{\sqrt{2}}{2}$，$\sin 60° = \dfrac{\sqrt{3}}{2}$ 等等，但是你知道 $\sin 1°$ 是多少嗎？

8. 網路搜尋 $\sin(1\deg)$ 和 $\sin(1)$ 的答案不同，為什麼？

9. 你學過 $30°$-$60°$-$90°$ 三角形的三邊比是 $1 : \sqrt{3} : 2$，為什麼？你如何理解 $50°$-$60°$-$70°$ 三角形的三邊比？

10. 畢氏定理又稱勾股定理，有人說直角三角形中最短的一邊是勾，最長的一邊是弦，你同意嗎？為什麼？

11. 國中課本稱畢氏定理為商高定理，有人認為不宜，原因是認為歷史上並無商高其人，你同意嗎？

12. 某數學研究所招生，考題之一是「請證明畢氏定理（10 分）」，有一考生答曰：「根據餘弦定理 $c^2 = a^2 + b^2 - 2ab\cos C$，現 $\angle C = 90°$，所以 $\cos(C) = 0$，而得 $c^2 = a^2 + b^2$，得證畢氏定理。」你覺得他應該得幾分？

13. 三角形的外接圓半徑為 R，你能看出 $\dfrac{a}{\sin A} = 2R$ 嗎？

14. (1) 本章中，A 星的緯度 $\gamma = 45°$ 經度 α 未知，假設 B 星的經度 $\varphi = 0°$ 緯度 $\theta = 40°$，而 A 星和 B 星的角距離是 $10°$，則由本章中 $\overrightarrow{OA} \cdot \overrightarrow{OB} = \cos(\delta)$ 可得

$$\cos 45° \cos \alpha \cos 40° + \sin 45° \sin 40° = \cos 10°$$

$$\cos \alpha = \frac{\cos 10° - \sin 45° \sin 40°}{\cos 45° \cos 40°} = 0.979$$

請完成上式 α 的答案 ($\pm 12°$)。

（網路搜尋 arc cos(cos(10 deg) − sin(45 deg) * sin(40 deg)) / (cos(45 deg) * cos(40 deg)) = 0.21 Rad = 12°）

(2) 上式假設 $\varphi = 0°$，如果 $\varphi = 25°$，則 $\alpha = ?$

第8章　幾何測算的經典例子

在本章中，我們要討論四個議題：

一、埃拉托斯尼斯測算地球大小。　　二、阿利斯塔克測算太陽大小
三、阿利斯塔克測算月地距離。　　四、牛頓測算地心引力[1]。

一、埃拉托斯尼斯測算地球大小

　　首先用數學的方法推得地球大小的是西元前三世紀的希臘天文學家埃拉托斯尼斯（Eratosthenes，西元前 270～194）。他是亞歷山大港 (A) 圖書館的館長，埃氏知道地球是球形的，並且太陽距地球很遠，射到地球的光線彼此平行。當年在 A 港正南方的 Syene 城 (S)（現在的 Aswan 水壩的所在地）有一口井，夏至中午時分，陽光直射井底，而他量得此時刻陽光在 A 港與垂直地面方向的夾角 θ 約為 7.2°。因為射到 A 港及 S 城的陽光互相平行，從圖 8–1 可知 SA 弧所張的圓心角也是 θ，約等於 7.2°。

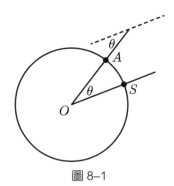

圖 8–1

他又知道從 *A* 港到 *S* 城的距離為希臘長度單位 stadium（以 St 表）的 5000 倍，所以他得到地球的周長為

$$5000 \times \frac{360}{7.2} = 250000 \text{ St}$$

古希臘的 1 St 相當於 607 英尺，1 英尺是 30.48 公分，計算下式：

$$250000 \times 607 \times 30.48 \text{ 公分} = 46253 \text{ 公里}$$

得到地球周長為 46000 公里，比現在所知 40000 公里長了一些，事實上 *S* 城的位置是 23°58′N32°52′E，而 *A* 港的位置是 31°13′N29°55′E。或許是因為 *A* 港並非在 *S* 城的正北，而影響了測量的結果。

二、阿利斯塔克測算太陽大小

古代希臘的數學／天文學家阿利斯塔克（Aristarchus，西元前 310～230）約與歐幾里得（西元前 300）同時，他主張日心說，證據是太陽遠比地球大得多，所以不可能是太陽繞著地球跑。

阿氏如何知道太陽比地球大很多？首先，他注意到滿月與平日所見的太陽看起來大小差不多。因此，他想到應該估算日地距和月地距之比，這個比值就是太陽直徑和月球直徑之比，如圖 8–2，日全蝕的情形：

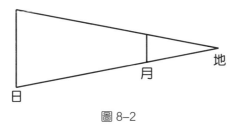

圖 8–2

在日全蝕的時候月球剛好遮滿太陽，所以得到：

太陽直徑：月球直徑＝日地距：月地距

那麼，如何估計 $\frac{日地距}{月地距}$ 呢？阿氏想到一個辦法，如圖 8-3，月半的時候：

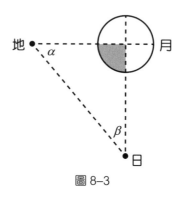

圖 8-3

因為太陽照到月球，月球總有一半是亮的，如果是月半，如圖 8-3，月地連線必須剛好和日月連線垂直，地球才會看到半月。因此，阿氏要量 α 角 的 大 小， 他 的 結 果 是 $\alpha=87°$， 所 以 $\beta=3°$， 而月地距：日地距＝$\sin 3°$。

$\sin 3°$ 大約是 0.05，所以日地距是月地距的 20 倍，因此日直徑也是月直徑的 20 倍（如圖 8-2）。

既然日直徑是月直徑的 20 倍，而從下一個例子：「月地距是地球半徑的 60 倍」，阿氏估計了地直徑是月直徑的 3.5 倍，所以日直徑是地直徑的 $\frac{20}{3.5}$ 約為 6 倍，阿氏因此認為大地球 6 倍的太陽不可能繞著地球跑，而是應該反過來。

以現代的數據來看：

日直徑 1.39×10^6 公里

日地距 1.49×10^8 公里

月直徑 3476 公里

月地距 384000 公里

地直徑 12738 公里

我們試著用現代的數據來檢驗阿氏的測量和計算：

	現代	阿氏
日地距：日直徑	107	110
月地距：月直徑	110.5	110
地直徑：月直徑	3.66	3.5
日地距：月地距	390	20
日直徑：地直徑	110	6

　　表中只有後兩項出入很大，原因是在圖 8-3 中，阿氏估的 α 過小（β 過大）。阿氏估 α 是 87°，但是由於太陽很遠，α 其實會更接近 90°。此外，以肉眼去抓月半的確切時刻也不會很準，因為必須要在太陽剛下山時看到月半。雖然如此，最神奇的是在那麼古早的時候，這些希臘人就懂得利用幾何和三角來量天上的事，真是了不起。

三、阿利斯塔克測算月地距離

　　美國太空總署分別在 1969 年 7 月，1971 年 2 月和 1971 年 7 月在月球上放了三個反射鏡，並從地球以雷射光射向鏡子，藉著反射回到地球的時間差可以測出月地平均距離是 384000 公里。不過這個「鏡子」可不是平常看到的平面鏡。因為利用平面鏡來反射雷射光，除非鏡面和入射光垂直，否則完全無法控制反射光的方向，所以要經過特殊設計。

設計的想法是從反射的幾何原理來思考，我們不妨以坐標幾何來說明。

假設鏡面是 xy 平面，如圖 8-4，有一束光以向量 (a, b, c) 的方向射向 xy 平面：

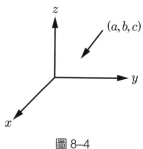

圖 8-4

我們要問：(a, b, c) 經過 xy 平面反射後的向量為何？一個簡單的看法是把 (a, b, c) 向量分解為 $(a, 0, 0)$、$(0, b, 0)$ 和 $(0, 0, c)$ 三個向量，然後分別考慮。注意到 $(a, 0, 0)$ 和 $(0, b, 0)$ 均與 xy 平面平行，所以保持不變，但是 $(0, 0, c)$ 和 xy 平面垂直，因此反射後變成 $(0, 0, -c)$，差了一個負號。將 $(a, 0, 0)$、$(0, b, 0)$ 和 $(0, 0, -c)$ 再加回來得到 $(a, b, -c)$，正是 (a, b, c) 被 xy 平面反射後的向量，此時 a、b 保持，但是 c 變成 $-c$。

我們因此要設計的是一個「三面鏡」，如圖 8-5：

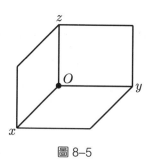

圖 8-5

亦即利用原點 O 連接三面互相垂直的鏡子：xy 鏡、yz 鏡和 zx 鏡，實際上就是仿三個坐標平面的配置。

　　現在雷射光以向量 (a, b, c) 的方向射入，先碰到 xy 鏡，反射後 (a, b, c) 變成 $(a, b, -c)$，假設反射光緊接著射到 yz 鏡，經過反射變成 $(-a, b, -c)$，然後再射到 zx 鏡，反射後變成 $(-a, -b, -c)$，剛好和入射的方向相反，可以回到原發射點。

　　因此月球上設置的「鏡子」是將一個原本是圓筒狀的稜鏡後端，如圖 8-6。磨成上文所解釋的「三面鏡」，亦即三個互相垂直的面，如圖 8-7。

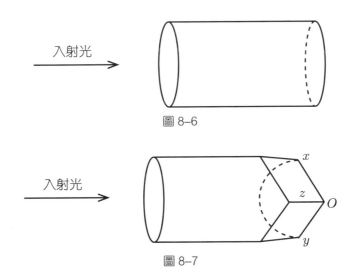

入射光

圖 8-6

入射光

圖 8-7

入射光只要射入稜鏡，經過後端這三個面輪流反射後，反射光就會平行入射光回到原發射點，頂多差一個稜鏡接收面的範圍[2]。

　　我們約略計算現今已知月地距離和地球半徑的比值：月地距離是 384000 公里，地球半徑是 $40000 \div 3.14 \div 2 = 6370$ 公里，因此 $384000 \div 6370 = 60.28$，月地距離大約是地球半徑的 60 倍。

最早,在西元前兩三百年,希臘天文學家就知道月地距離大約是地球半徑的 60 倍,他們是怎麼辦到的?

首先,在滿月的時候,他們用一個錢幣在眼前移動,嘗試剛好可以遮住月球。當錢幣剛好遮住月球的時候,有下面的關係:

$$\frac{錢幣直徑}{眼至錢幣距離} = \frac{月球直徑}{月地距離}$$

以實測求得上式左邊約為 $\frac{1}{110}$,而另一方面,滿月的大小與太陽的大小相當,所以 $\frac{1}{110}$ 也是太陽直徑與日地距離之比。

根據現代的數據,太陽直徑是 1391000 公里,日地距離是 1.49×10^8 公里,月球直徑是 3476 公里,月地距離是 384000 公里。

$$\frac{1.49 \times 10^8}{1391000} = 107 \ 並且 \ \frac{384000}{3476} = 110.5$$

這表示古人看滿月和太陽的視角與現代數據接近,如圖 8-8:

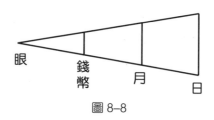

圖 8-8

圖中的三角形均相似,底與高之比均為 $\frac{1}{110}$。

將上圖從右邊看到左邊,想成是太陽發出來的光,被月球遮住到達地面的眼睛,有如日全蝕一般。

　　現在再來看看月蝕的情形，太陽的光被地球 e 遮住了，在月球的位置形成了一個本影 e'：

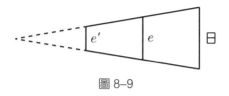

圖 8–9

由於太陽距離地球遠比地月距離大得多，所以不妨假設圖 8–9 中的三角形仍然是一個底比高為 $\dfrac{1}{110}$ 的三角形，圖中 e 到 e' 是月地距離。

　　當年，希臘人觀察月全蝕，從月球通過地球本影 e' 的時間發現 e' 是月球直徑 m 的 2.5 倍。（關於這一點，我們稍後補充說明。）

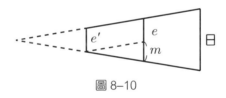

圖 8–10

　　畫一條虛線平行 ee' 的上緣，可以看出月球的直徑 m 加上 e' 剛好是地球的直徑❸，由於 $e' = 2.5m$，所以 $e = 3.5m$。先前由實驗得到：

$$\frac{月地距離}{月直徑} = 110$$

所以 $\dfrac{月地距離}{月半徑} = 220$，而 $\dfrac{月地距離}{地半徑} = \dfrac{220}{3.5} = 62.8$，我們因此結論月地距離是地球半徑的 60 倍（大約）。

　　回頭來看看地球的本影直徑 e' 為什麼是月球直徑 m 的 2.5 倍。

觀察月全蝕時月球通過本影的時間。以 2011 年 6 月 16 日的月全蝕為例，各個階段的時間點是：

初虧 02：23，食既 03：22，食甚 04：13，生光 05：03

亦即月球通過本影的時間是從 02：23 到 05：03，大約是 2 小時 30 分鐘。

再看月球的視角，$\dfrac{1}{110}$，這相當於一個半徑 110，弧長 1 的角，如圖 8-11：

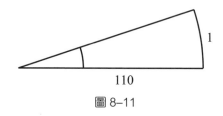

圖 8-11

$\dfrac{視角度數}{360} = \dfrac{1}{110 \times 2 \times 3.14}$，解得視角的度數 $= 0.5°$。

至於月球在天上每一小時移動幾度呢？由於陰曆月接近 30 天，因此不妨估計月球每天移動 $\dfrac{360}{30} = 12°$，也就是每小時移動 0.5°，剛好是一個月直徑，這就是古代希臘從月全蝕歷時 2.5 小時而估計地球本影的直徑是月球直徑 2.5 倍的原因。

四、牛頓測算地心引力

月地距離是地球半徑的 60 倍，這件事對很多人來說，不過是個數據，但是對牛頓 (1642～1727) 這種天才，卻是一個千載難逢的啟發。

　　1665 年倫敦瘟疫流行，學校關閉，牛頓離開劍橋大學回到家鄉，在那裡待了 18 個月，基本上完成了運動學和微積分的研究，並且同時研究重力。

　　當時，由於克卜勒行星定律的成功，許多人猜想行星繞日是受到一個看不見的引力拉扯，而這個引力的大小應該是和行星到日的距離平方成反比。

　　牛頓當時一方面看到月球繞地，另一方面也看到蘋果落地，他認為這兩者均源於所謂的「地心引力」，其間必有某種關聯。

　　簡言之，月球受到地球的引力，加上自己的速度，使得一方面前進，一方面繞行地球，月球不會墜向地球，是因為有橫移的速度，地球的吸力提供的是轉彎所需的加速度——向心加速度。

　　月球繞地球，根據克卜勒定律，軌道是橢圓，但以近似來說，不妨假設月球繞地球是一個等速圓周運動。我們以 v 表月球的速度，並以 d 表月地距離，則向心加速度是 $\dfrac{v^2}{d}$，如圖 8–12：

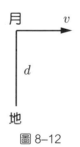

圖 8–12

　　向心加速度 a 為什麼是 $\dfrac{v^2}{d}$ 呢? 一個簡單的看法是，如果繞行一圈的週期是 T，則 $v = \dfrac{2\pi d}{T}$，

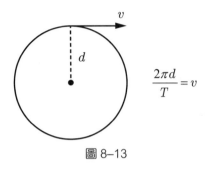

圖 8-13

但是，我們也可以看 v 的變化圖，即把 d、v 圖中的 v 自行畫一個圓：

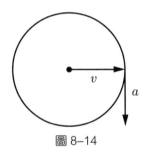

圖 8-14

則因 v 的變化是 a（正如 d 的變化是 v），所以也有 $\dfrac{2\pi v}{T} = a$，將

$\dfrac{2\pi d}{T} = v$ 和 $\dfrac{2\pi v}{T} = a$ 兩式相比得到 $\dfrac{d}{v} = \dfrac{v}{a}$，所以向心加速度 $a = \dfrac{v^2}{d}$。

由於月地距離是地球半徑的 60 倍，因此月球繞地的向心加速度

$\dfrac{v^2}{d} = \dfrac{v^2}{60R}$（$R$ 是地球半徑）應該是蘋果受到的重力加速度 9.8 公尺／

秒^2 的 3600 分之 1。亦即 $\dfrac{9.8}{3600}$、$\dfrac{v^2}{60R}$ 兩者應該相等，式中分母的

3600 是 60 的平方，代表引力與距離的平方成反比。

牛頓於是先計算 $\dfrac{v^2}{60R}$，假設月球繞地的週期是 T（秒），則

$v = \dfrac{2\pi d}{T}$，因此有

$$\frac{v^2}{60R} = 4\pi^2 \frac{d^2}{60R \times T^2} = 4\pi^2 \frac{60R}{T^2}$$

上式中的 d 以 $60R$ 代入，而 T 要以恆星月 27.32 天代入（見本書第 5 章，《周髀》對月行的討論）。計算如下：

$$月球向心加速度 = \frac{4 \times 3.14^2 \times 60 \times 6370 \times 10^3}{(27.32 \times 86400)^2}$$
$$= 0.0027 \text{ 公尺} / \text{秒}^2$$

式中 6370（公里）是地球的半徑 R，86400 是一天的秒數，27.32（天）是從恆星觀察月球繞地的週期。

另一方面，計算 $\dfrac{9.8}{3600}$ 得到 0.0027 公尺／秒^2，因此符合牛頓的萬有引力初探——引力的大小與距離的平方成反比。

不過在這個時間點，牛頓錯估了地球半徑 R，他代入的 R 值比地球實際的半徑小一些，因此他所得到的月球向心加速度也比 0.0027 小，並不是 9.8 除以 3600，而是 9.8 除以 4000 多。這件事雖然讓牛頓覺得困擾，但是很快的，在 1672 年，法國科學家 Picard 測出了比較正確的半徑值，大約是 3963 英里（6333 公里），這樣的結果當然令牛頓滿意。

雖然如此，仍然有一件事困擾牛頓，就是地球對蘋果的吸引力可以看成地球的質量集中在地心，由地心吸引蘋果。在上文的計算中，地月距離是 $60R$，這大致是正確的，至少地球距離月球很遠，質量看成集中在地心，沒有太大差別。但是蘋果就在地表，地球各部分對蘋

果均有大、小不等的吸力，要將這些吸力加總而得到可以將地球質量視為集中於球心，很顯然，這是一個複雜的向量加總問題，必須訴諸於微積分❹。

現在，因為萬有引力（重力）的教學已經提前到國中，在這個年紀，幾乎所有的科學現象都是靠灌輸、記憶和做大量的測驗卷來熟悉，而不是經過思辨來理解。因此，只要看到「地心引力」這四個字，幾乎就已認定吸引力是從地球中心發出來的。

牛頓當年遲遲不敢發表他的萬有引力理論，就是上述的「加總」無法解決。當他後來真正用微積分解決之後非常快樂，因為在 23 歲時所做的「月球試算」，由地心吸引蘋果的想法完全正確，於是他在 1687 年正式發表了有關萬有引力的嚴謹證明，是物理／數學史上的大事。

一言以蔽之，萬有引力是數學家牛頓根據克卜勒行星定律證明出來的，而不是物理學家牛頓設計了實驗量出來的。

✪ 腳註

❶ 本章部分摘自張海潮，《數學放大鏡》，臺北三民書局。

❷ 網路搜尋「月球上的鏡子」。

❸ 圖 8-10 中以 m 為底的三角形底與高之比亦為 $1:110$，而 e 到 e' 是月地距離，所以 m 是月球的直徑。

❹ 參考《千古之謎》頁 182，4.球體的吸引力與積分之藝術。

| 討論議題 |

1. 埃氏從何得知地球是一個球（而非一個平面）？

2. A 港如果在 S 城的正北，則兩地的經度是否應該相等？

3. 從現在所知 A 港與 S 城的緯度看來，埃氏測得 $7.2°$，準確性如何？

4. 現在從 S 城到 A 港的距離是多少？

5. 實際上，地球並非完美的球體，但埃氏假設是，請評論埃氏的假設。

6. 我們可以說 $\sin 3°$ 是 $\sin 1°$ 的三倍嗎？

7. 為什麼阿氏測月半時，地月與地日連線的夾角要在太陽剛好下山的時刻？此時「月半」在天空哪裡？

8. 所謂「月地的平均距離」，「平均」是指什麼？

9. 為什麼 (a, b, c) 被任一鏡子反射時，可以拆成 $(a, 0, 0)$、$(0, b, 0)$ 和 $(0, 0, c)$ 分別考慮？

10. 月球被地球吸引，為何不會墜落地球？

11. 月繞地的橢圓軌道，離心率是多少？

12. 誰是第一個以實驗證明萬有引力定律並量出萬有引力常數的科學家？他被尊稱為第一個量得地球重量的人，為什麼？

第 9 章　從地心到日心

　　自古人類觀天，認為地球是太陽系或宇宙的中心乃是天經地義，然而對古希臘的天文學家而言，卻有一事大惑不解，即行星的逆行現象[1]。現在我們當然了解，所有行星（包括地球）均繞太陽運行，就好像一些人在跑道上繞圈圈，從跑者之一去看其他跑者的相對視（角）運動，難免會有許多不規則的現象。（見本書第 4 章哥白尼模型中的行星逆行圖）

　　當年古希臘的天文學家為了記錄、分析並預測行星詭異的運動，由阿波羅尼斯（Apollonius，西元前 262～190）倡導於先，希帕克斯（Hipparchus，西元前 190～120）及托勒密（Ptolemy，西元 90～168）實踐於後，設計了一套本輪 (epicycle)、均輪 (deferent) 和偏心點 (equant) 的辦法來描述行星，居然得到相當好的精準度，一直到克卜勒學說流行才被取代，前後至少在西方主導天文學的計算近 2000 年。

　　先說偏心點，這本是源自於希帕克斯在描述太陽的視運動時，為了堅持等速圓周運動的數據而忍痛將地球偏離圓心的設計，如圖 9-1：

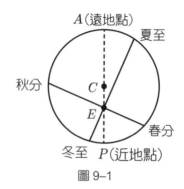

圖 9-1

　　此一模型設定太陽在圓上運動，對圓心 C 而言是等速圓周運動，但是對地球 E 而言並非等角速度，而是在遠地點 A 角速度慢，在近地點 P 角速度快（這當然符合觀測，也與後來克卜勒發現的面積律相呼應），從 E 發出另兩條互相垂直的弦與圓的交點依序為春分、夏至、秋分和冬至，此一圓就是太陽所走的黃道。每一個位置以黃經記錄，例如春分 0°，夏至 90° 等等，呼應了從春分到秋分是 186 天，而從秋分到春分是 179 天。（參考附錄 12.1）

　　至於行星，從地球所見正如太陽，它在黃道帶上，並不是等角速度運動，而且更為複雜，比太陽多了一個逆行現象，托勒密於是如下圖設計了本輪，行星在本輪上繞本輪的圓心 K 作等速圓周運動，而本輪的圓心 K 則在另一個稱為均輪的圓上繞均輪的圓心 C 作「非等速圓周運動」，但是從一個假想的偏心點 Q 來看 K 是等角速度運動。而地球的位置 E 則擺在 C 的另一邊，$\overline{QC} = \overline{CE}$。

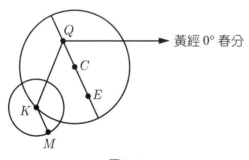

黃經 0° 春分

圖 9-2

　　圖中行星 M 繞 K，K 又繞 C，K 對假想的 Q 點是等角速度運動，E 是地球。如此一來便可初步解釋行星逆行現象，如圖 9-3、圖 9-4[❷]：

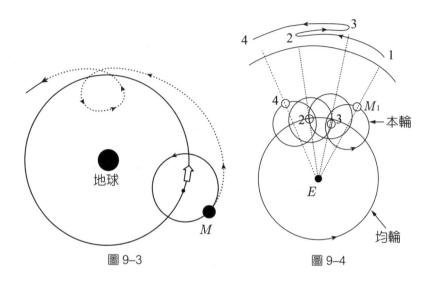

圖 9-3　　　　　　　　　　　　　　圖 9-4

這樣的設計基本上是用等速圓周運動的疊加來描述行星運動，仍然是堅持等速圓周運動的教條。接下來的問題是如何定出本輪、均輪的半徑和繞行的速度以符合過去觀測的數據，再以此進行預測。如果均輪加上本輪還是無法建立精準的模型，就再加一個更小的本輪，如此繼續，到了十四、五世紀一度讓行星們所「擁有」的本輪、均輪多到80幾個。

　　這些看似無中生有的輪子其實也並非全無道理，以內行星為例，假設金星和地球都在黃道面從事繞日等速圓周運動，如圖金星 V 和地球 E 均繞 S 運行。

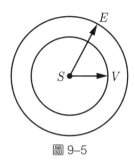

圖 9-5

則從 E 看 V，即向量 $\overrightarrow{EV}$，$\overrightarrow{EV} = \overrightarrow{ES} + \overrightarrow{SV}$，亦即如圖 9-6：

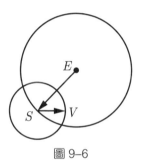

圖 9-6

V 在本輪上運行，而本輪的中心 S 在均輪上運行。又如外行星火星 M 運行如圖 9-7：

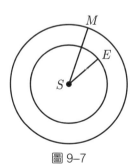

圖 9-7

則如圖 9–8：

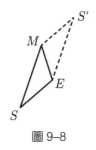

圖 9–8

作平行四邊形 $ES'MS$，而有 $\overrightarrow{EM} = \overrightarrow{ES'} + \overrightarrow{S'M}$ 如圖 9–9[❸]：

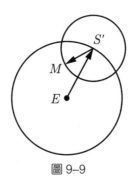

圖 9–9

　　亦即 M 在 S' 為圓心的本輪上運行，而 S' 在均輪上運行，一切看來都很合理。無奈真相是行星繞日的軌道是橢圓，太陽位居一焦點，行星繞日的速度又非均勻，只服從面積律[❹]。換言之，如果想用一個本輪和一個均輪註定是無法精準描述地心觀點下的行星運動。這也是為什麼托勒密模型不得不持續增加本輪來「迎合」更精準的觀測資料。一直到哥白尼 (1473～1543) 劃時代的巨著《天體運行論》問世，一些天文學家才開始思索如何將觀測從地心走向日心，這其中一個最重要的人物就是克卜勒。

　　有人認為，地心說和日心說的分別不過是坐標原點的選擇，就「純粹」數學的眼光來看，坐標的選擇應不至於有什麼本質上的影響。這樣的看法實在是大錯特錯，因為相對於太陽，地球並不是靜止的，而是一個持續公轉的坐標系。正是因為每晚觀測星空所得的數據都是以地心為原點的結果，許多的現象便隱藏在數據中，令人視而不見。以下舉幾個例子來說明。

一、從太陽、地球、火星三連星的週期得到火星繞日的週期。

　　如圖 9–10：

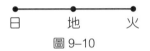

日　　　地　　　火

圖 9–10

三者連成一線，此時，火星有如陰曆十五的滿月特別明亮，此一事件稱為「衝」，從地球記錄的黃經表中看來，此時日與火的黃經度數剛好差 180°。

　　如果主張日心說，那麼就會注意到從第一次衝到下一次衝的時距，以火星為例，這個時距是 780 天，假設火星繞日的週期是 T 天，則：

$$\frac{1}{\dfrac{1}{365}-\dfrac{1}{T}}=780$$

或

$$\frac{1}{780}=\frac{1}{365}-\frac{1}{T}, \ \frac{1}{T}=\frac{1}{365}-\frac{1}{780}$$

$$T=\frac{365\times780}{(780-365)}=\frac{365\times780}{415}=686 \text{ 天}$$

因此，我們可以藉此方法了解火星及其他行星繞日的週期。如果沒有日心說，780 天這種時距便無本質上的意義。事實上，如果沒有日心說，根本談不上討論行星繞日的週期。

二、從內行星，如金星的東大距了解內行星到太陽的距離比[❸]。

如圖 9–11：

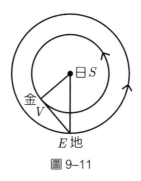

圖 9–11

將地球視為不動，則觀察太陽和金星位置的黃經度數的夾角有一上限，以圖中來說，金星繞行到某一點時，$\overrightarrow{EV}$ 和 $\overrightarrow{ES}$ 的夾角最大，是為東大距，此時 EV 與金星軌道相切，$EV \perp VS$，如果繞日的軌道都是正圓，則

$$\frac{VS}{ES} = \sin(\angle SEV) = \sin\,(東大距)$$

即是金日距與地日距之比，根據觀測，金星的東大距在 45°～47°，以 45° 計算 $\frac{VS}{ES} = \sin 45° = 0.707$。

若以 47° 計算 $\sin 47° = 0.73$，現在的最新觀測金日距與地日距（均以半長軸計）之比為 0.72。

若無日心說，東大距與日金距無從關聯。

在觀測上稱東大距的原因，是指太陽下山之後，若在太陽下山附近仍可在天上看到金星，此時金星與太陽下山之點的角距離會逐日拉大，大到最大值時的角距離稱為東大距。東大距之後，再逐漸縮小，終至不見。如圖 9–12，當 *SVE* 成一直線，*V* 就看不見了，是謂下合。

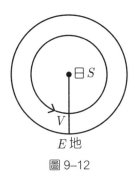

圖 9–12

至於水星，由於軌道甚橢，東大距的角度在 $18°\sim28°$ 之間，而 $\sin 18° = 0.31$，$\sin 28° = 0.47$，現在觀測的數據水日距與地日距之比為 0.39。

在日心說之前，亦無法解釋為何觀察內行星與太陽的視角距有上限（即東、西大距）而外行星卻無此限制。

三、從外行星，如火星的（東）方照了解行星到太陽的距離比。

如圖 9–13：

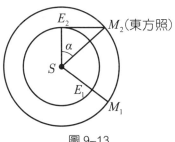

圖 9–13

在某一次衝之後，地球的角速度比較快，所以從三連星 SE_1M_1 演變成 E_2S 和 E_2M_2 夾直角是為東方照。則

$$\frac{M_2S}{E_2S} = \frac{1}{\cos\alpha}$$

而 $\alpha = \angle E_2SE_1 - \angle M_2SM_1$ 是 E_1 與 M_1 繞行太陽的角度差。

根據觀測，2014 年 4 月 9 日火星衝，同年 7 月 19 日火星東方照，共經過 $21 + 31 + 30 + 19 = 101$ 天，

$$\alpha = (\frac{360°}{365} - \frac{360°}{686}) \times 101 = 360° \times 101 \times \frac{321}{365 \times 686} = 47°$$

所以 $\dfrac{M_2S}{E_2S} = \dfrac{1}{\cos 47°} = 1.466$，而現在觀測所得 $\dfrac{日火距}{日地距} = 1.52$。

試想：一位相信日心說的天文學家如哥白尼，他一定理解到行星逆行不過是伴隨著地心觀測發生的現象，不足為奇。但是如何把地心觀測的數據轉化成太陽觀測的數據呢？例如，某日觀測太陽在黃經 328°，火星在黃經 256°，如圖 9–14：

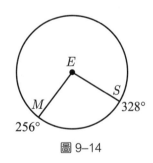

圖 9–14

由於只有角度的數據，我們只能在一個（假想）半徑為 1 的圓上標示 256° 和 328° 兩個位置。如此一來等於是把 S 和 E、M 和 E 看成等距，因此除非把真正的距離或距離比考慮進來，不可能把地球的數據轉換到太陽。

但是在上圖中，EM 的距離不好知道，因為這是一個變化的狀態，唯一有的距離是 $ES = 1(AU)$，即一個天文單位，和 SM（即日火距）與 ES 之比，我們先看以東方照計算得到 1.466，如圖 9–15：

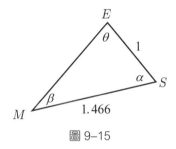

圖 9–15

我們因此得到一個三角形，$\theta = 328° - 256° = 72°$ 是從地球看 S 及 M 的夾角。對此一三角形，已知三個數據 (ASS)「勉強」可以解得 $\angle MSE = \alpha,\ \angle SME = \beta$，方法是利用正弦定律：

$$\frac{1}{\sin \beta} = \frac{1.466}{\sin \theta} = \frac{1.466}{\sin 72°} = \frac{1.466}{0.95} = 1.543$$

$$\sin \beta = \frac{1}{1.543} = 0.648$$

如果 β 是銳角，則 $\beta = 40°$（β 也可能等於 140°，但是 θ 是 72°，$140° + 72°$ 會超過 $180°$），再由 $\beta = 40°$, $\theta = 72°$ 解出 $\alpha = 68°$。

如此我們便可得到圖 9–16：

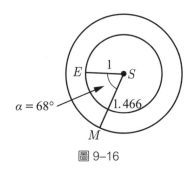

圖 9–16

對 S 而言，E 在黃經 $328° + 180° - 360° = 148°$，距離為 $1(AU)$，M 在黃經 $148° + \alpha = 148° + 68° = 216°$，距離 $1.466(AU)$。

在上面的計算中，明眼人一眼便看出我們作了許多假設，比方 (1)行星繞日的軌道是正圓，太陽在圓心。(2)軌道半徑的比值是定值。先說(2)，我們在上文中，利用某一次東方照來計算出 $\dfrac{日火距}{日地距}$ 是 1.466，但是可能利用另一次東方照會計算出其他的值，因此我們無法確定到底哪一個值才合適。再回到(1)，因為軌道是橢圓，所以任何一個值都不恰當。

就日心說的擁護者來說，不僅僅是要將地心說的數據「翻譯」到日心說，還要從日心說的軌道數據（例如已掌握到火星繞日的週期和火星與日的距離）預測火星的位置，再倒回來「翻譯」到地心說，以與地心說的觀測比較，如此方能令人信服。然而在克卜勒量天術發明前，日心說除了在本質上解釋了行星逆行現象，在實用上，一時還無法取代托勒密的本輪均輪計算法。

至於哥白尼，他怎麼可能想到行星繞日的軌道是橢圓？這也只有等待克卜勒這位彌賽亞來拯救日心說了❻。

✬ 腳註

❶ 古代中國亦有行星逆行之紀錄，如《史記天官書》：「察日、月之行以揆歲星順逆。」歲星即木星，意指從與日、星運行比較可看出木星順行或逆行（見本書第 4 章）。

❷ 參考《千古之謎》頁 39 圖 2–17～2–19。

❸ 地球與太陽處於相對的位置，地球的軌道面即黃道面。其他行星的本輪面即軌道面，和黃道面接近。

❹ 此即克卜勒之橢圓律及面積律，見本書第 10 章、第 11 章。

❺ 在知道天文單位 AU 到底等於多少公里之前，所有距離均以比值出現，亦即只需處理相似三角形的問題。AU 的決定後來由哈雷提議，用金星凌日在不同地點的觀測視角來解決。

❻ 事實上，由於不知道真相是橢圓軌道，哥白尼只好投降，又用起本輪均輪，只不過把地球的角色換成太陽。但是克卜勒並不預設立場，而是想了一個跨週期的量天術，直接求日心說之下地球和火星的軌道，最後發現是橢圓。（見本書第 11 章克卜勒量天術）

|討論議題|

1. 行星的英文 planet 源自希臘文之 aster planetes，意思是 wandering star，為什麼？你覺得恆星和行星這兩個名詞是翻譯的嗎？東大距、東方照呢？

2. 討論下表。（取材自錢宜新、姚珩，《從奇異的行星逆行到日心說的建立》）

	水星	金星	火星	木星	土星
兩次衝（或內合）時間間隔 (t)	0.32	1.60	2.19	1.09	1.04
衝至方照的時間間隔 (τ)			0.27	0.25	0.24
內合至大距的時間間隔 (τ)	0.06	0.19			
公轉週期理論值	0.24	0.62	1.84	12.19	27.04
公認值	0.24	0.62	1.88	11.86	29.46
軌道半徑理論值	0.38	0.72	1.43	6.59	8.95
公認值	0.38	0.72	1.52	5.20	9.55

通過觀察數據 t 與 τ，及經由簡單的日心說模型，所求得的公轉週期（單位：年）與軌道半徑（單位：地球公轉半徑）之理論值。

3. 如果地球繞太陽運行，則哥白尼可推論出地球自轉，太陽和群星東昇西落，都是地球自轉的效應，如何推論？

4. 托勒密這一套計算法看來並沒有被哥白尼打敗（因為哥白尼自己也用本輪均輪，只不過把地心換成日心），托勒密這一套究竟撐到什麼時候才被大多數的天文學家放棄？

   類似的問題是：

   a. 黑金剛大哥大什麼時候消失？

   b. 條碼機什麼時候席捲所有超市？

   c. 貨幣的金本位制什麼時候被放棄？

　　d.九九乘法表什麼時候不再背了？

　　e.熱菜什麼時候開始用微波爐？

　　f.紙本對數表什麼時候被網路搜尋取代？

　　g.什麼時候不用再學數學了？

5.伽利略因宣揚日心說而遭教廷判終身軟禁，目前教廷態度如何？（網路搜尋：維基百科，伽利略，天主教對伽利略的重新認定）

6.許多科學史家認為 1543 年哥白尼出版《天體運行論》是科學革命的開始，為什麼？

7.文藝復興、科學革命和啟蒙運動的關聯如何？

8.依你之見，中國歷史上曾經有過文藝復興、科學革命或啟蒙運動嗎？

第 10 章　宇宙之子

到目前為止，我們的描述與主張只能以可能性的論述來
支持，現在我們將朝天文軌道的決定與幾何思考邁進。如果
它們無法佐證我們的主張，則毫無疑問，所有昔日的努力將
付諸流水！

——克卜勒《宇宙的奧祕》

一、克卜勒生平[1]

人類和萬物萬象共在於其中的太陽系，在無垠的宇宙之中是微不
足道的，其渺小程度比之於「滄海一粟」何止兆兆倍！但是對於生活
在地球上的人類和萬物，太陽系乃是孕育一切的世界，是大自然一個
完美的創造與無比的恩賜。

自古以來，世代相承致力於大自然的認知與理解的理性文明中，
地理和天文所研討的地球與太陽系當然就是首務之要。如今眾所周知
太陽系中除了地球之外、還有行星、行星的衛星、彗星、小行星等等，
展現著太陽系永恆之舞。但是這個大自然完美的傑作，卻又讓身在其
中的人類困惑達數千年之久，真所謂「當局者迷」。此事實乃理性文明
史中的「千古之謎」[2]！直到文藝復興，幸有三位科學巨人：哥白尼、
第谷和克卜勒 (J. Kepler, 1571～1630) 世代相承，終於發現了行星運行
三定律，此事才得以真相大白！

開創新天文學的主角克卜勒出身於當時南德新教區域威爾 (Weil
der Stadt) 的一個貧困家庭，幸賴當地的統治者重視教育，克卜勒才能
憑藉著他優秀的成績，靠獎學金逐步念到大學，就讀於新教的學術中

心杜賓根大學 (University of Tubingen)，甚得該校天文學教授梅思特林 (M. Maestlin, 1550～1631) 的賞識，梅思特林是一個哥白尼日心論的鼓吹者，克卜勒也不例外。當年在天文學上，日心論和根深蒂固的托勒密地心論是學術界爭論不休的熱門議題，克卜勒就曾經以日心論者參加這種辯論會，但是他當時主修的是往後做新教的傳教士的學位（也拿著攻讀這種學位的獎學金）。也許是「天意」或者是命運的安排，1594～1595 年的兩件偶發事件使得克卜勒踏上畢生致力於天文學的征程，數十年如一日，鍥而不捨，百折不餒地探索太陽系的千古之謎。

其一是在 1594 年，新教區域的格拉茲 (Graz) 的一所高中的一位數學老師突然病故，迫切地向當時新教的學術中心杜賓根大學的教授團求助，希望為該校推薦一位能勝任的替補者，大家一致認為青年才俊克卜勒是適當人選。因此當年原本想以傳教士為職志的克卜勒就改行到格拉茲去做數學教師，而在當時，他還得兼天文課程。

其二是在 1595 年 7 月 19 日的天文課課堂上，發現一個正三角形的內切圓半徑和外接圓半徑之間的比值，大致等同於當年哥白尼《天體運行論》之中木星和土星的均輪半徑之比，此事使得克卜勒大為興奮，進而探討當年的六個行星（即地球和金、木、水、火、土）軌圓大小之間的規律何在？當年年少氣盛的克卜勒認定整個太陽系乃是天主的傑出創造，所以包括行星個數為什麼恰好是六個（當年所知者只有六個，後來又發現了天王星、海王星和冥王星等）也一定有其「道理」，究竟其理何在呢？據克卜勒自己的日記，在那些時日的沉思狂想，突然「頓悟」到其中的「奧祕和天意」：為什麼行星的個數不多不少，恰恰是六個呢？那是因為立體幾何中恰恰有五個正多面體；即正四面體、正六面體、正八面體、正十二面體和正二十面體❸。

而上述立體幾何的「五」和行星個數的「六」又有何關聯呢？他說他可以清楚地想到六個行星繞日運行的軌道可以看成是位於六個有些厚度的同心球殼之內者，而在它們之間，恰恰可以妥加安置五個各別的正多面體，每個和其內的球殼外切而和其外者內接。他覺得此事實在太奇妙了！他不但解釋了行星個數恰好是六個，而且也確定了上述同心球殼的大小、厚度！年少的克卜勒認定這是天主的「啟示」(revelation)，讓他得窺宇宙的奧祕。問題只是在如何妥加配置五個正多面體於六個軌球薄殼之間（可以說是一種幾何的植樹問題）。因此，他狂熱地投身於哥白尼天體運行體系之中，六個行星各別的軌道所「屬於」的球殼之大小、厚度和正多面體的妥為配置，其結果就是克卜勒的處女作《宇宙的奧祕》(*Mysterium cosmographicam*)。

下述圖解所展現者，就是他的年少狂想曲的要點，按照他本人的自述，這就是驅策他終其一生，探索太陽系永恆之舞的規律的原動力！也就是這位新天文學創建者的奇妙啟蒙[4]。

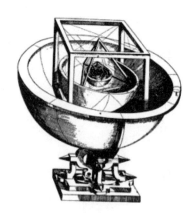

圖 10–1

　　從西方文明發展史來看，十六世紀後半到十七世紀前半，業已是文藝復興的後期。古希臘文明的碩果，終於熬過了漫長的黯淡歲月，首先在義大利復蘇，然後逐漸擴散到歐洲各地的大學，蔚為風尚。經過了近一世紀的播種耕耘，萌芽孕育，業已紮根茁壯，到了開花結果，突飛猛進的時期了。其中哥白尼、第谷、克卜勒所完成的世代相承；代數學的新興到解析幾何學的產生；1608 年望遠鏡的發明導致了伽利略 (G. Galileo, 1564～1642) 的天象發現，以及他的落體實驗，都是其中偉大輝煌的成就。

二、科學史上偉大的巨棒三接力：哥白尼、第谷、克卜勒

　　古希臘幾何／天文學家們世代相承長達五、六個世紀量天、探討的成果，在托勒密所著的《至大論》中集其大成。其基本架構是以地球為中心，運用均輪、本輪、小本輪的想法，將好幾個妥加選用的等速圓周運動疊加組合而成，來描述各別行星相對於地球的「視運動」。基本上可以達成天文現象的中期可預測性，而且大體上與實測的方位約在 $10'$（即 $\frac{1}{6}°$）之內。如今回看，「地心」架構在本質上實乃「迷途」，但是它卻盛行千年，被奉為天文學的經典，主要是它具有上述可預測性。

　　總之，在文藝復興的早期，天文學方面自然就以學習《至大論》為主，但是這種以虛擬的均、本輪的描述法，本質上乃是一種將錯就錯的體系，一來相當繁複，二來也必須多加小本輪來增進精度，此事往往會愈來愈繁複，事倍倍而功半半，而且也會顧此失彼，因此使得某些有識之士感到有改弦更張的必要。

　　當年哥白尼在大學求學時，就醉心於天文學，由下述他在《天體運行論》的一段話，可見其志趣：

> *最美好的、值得理解者，就是探索宇宙中神奇的運轉、星體的運動……，以及天際中其他現象成因的學科。……難道還有什麼比起包括一切美好事物的蒼穹更加美麗者？*

所以他當然先行苦學《至大論》，但愈學愈見其繁冗，和他嚮往的美妙蒼穹很不相襯，因而萌生改弦更張，探求精簡的念頭。當時哥白尼在希臘古籍中讀到紀元前三世紀阿利斯塔克的「日心論」使他深受啟發，撥雲見日，豁然開朗（見本書第 8 章）。古希臘在天文學上當年被認定為大悖常理而被棄置、冷凍了一千七百年的種子，終於又在哥白尼的理念和工作中復興，大放異彩，天文學走了千年的迷途，終於知返了。

且讓我們不妨設身處地，設想當年哥白尼有了改用「日心」的新觀點後，他是如何的去逐步構造其「日心運行體系」呢？首先，各別行星的「視運動」在托勒密體系中業已有相當不錯的描述，因此他所要構造的「日心運行體系」當然也要具有同樣的「地—星」視運動。不論是「日心」還是「地心」，我們的天文臺只能位於地球之上，所以「地—星」的視運動必然是唯一的實測事物。由此可見，哥白尼當年所要逐步構造的「日心體系」其實是對於原本的托勒密地心體系做龐大的「幾何變換」，是一種體系龐大而且艱巨的溫故知新，此事一直到 1543 年，在瑞提克斯 (G. Rheticus, 1514～1574) 的大力協助之下方得以完成其《天體運行論》，而哥白尼直至臨終才得見其印本。

在《天體運行論》中的體系，哥白尼依然採用均輪和本輪的描述法，可說別無新意的老套，所以和日心論的全面貫徹，千古之謎的真正得解，相去尚遠❺。仍有待第谷、克卜勒各窮其畢生之力的巨棒接力，才克竟其功。因此第谷的天文人生和盡其畢生之力所累積的天文寶庫，達成了天文巨棒三接力的第二棒。此事一如克卜勒的感慨：

他是神的恩惠，賜與我們一位最勤勉的天文觀測家。

　　當年克卜勒當然把他的少年狂想曲《宇宙的奧祕》寄贈給當代的天文學大師第谷，請他指正。想必第谷也只把它看成少年狂想曲，但是對於這位少年的才氣和衝勁則留有深刻印象。而克卜勒則一直狂熱地要證實他偉大的「猜想」，但是湊來湊去還是不如他所想像那樣完美無缺。他當時的想法是：這種缺失不可能在於他偉大的猜想有問題，而是當代對於行星軌道的大小測算有誤，需要用更加精確的實測資料去重新計算，他當然知道第谷擁有當代最精確的天文寶庫。總之，第谷和克卜勒都意識到彼此的互補性，攜手合作才能有所進展的迫切需要。由此看來，這兩位一老一少、互補互需的天文學家的合作理當是天作之合。但是他們在 1600 年初到 1601 年 10 月 24 日第谷逝世的共處卻遠非融洽，所以只能說是天作之遇，冥冥之中，似有天意，要他們達成天文巨棒的交接，其中某些細節難明也無關文明之發展，在此略過不談。重要的是，第谷畢生累積的天文寶庫由曠世奇才克卜勒傳承，千古之謎才得以真相大白，人類的理性文明得以突飛猛進，唯有天意，才可能有此天作之遇的巨棒交接。

　　由於第谷的突然逝世，克卜勒繼承了第谷的職位和其天文寶庫之使用權，被任命為神聖羅馬帝國皇家數學家，主管天文。從此克卜勒運用他超群的幾何分析能力探索第谷寶庫所蘊含的行星運行規律，艱苦卓越，百折不餒，十年有成，終於由第谷的實測資料總結出其所隱含的實驗性定律：克卜勒行星運動三定律。太陽系永恆之舞，行星運行的千古之謎得以真相大白❻。

三、克卜勒實事求是量天有成

克卜勒當年的經歷是先發現地球的面積律，進而得到火星的面積律。又歷經多年的困頓，計算出火星繞日的軌道是一個「卵形線」，太陽並非在曲線的中心，最後終於合理的推測這個卵形線是橢圓，太陽位居一焦點❼。

克卜勒之所以有此結論，主要是他從第谷留下的精準數據，經過計算分析之後，認知到行星繞日的運動既不是等（角）速，也不是圓運動，並且太陽也絕不可能位在軌道的中心，因此，他必得實事求是的刻畫行星繞日的軌道。這個工作等於是在一張紙上先擺好太陽的位置，然後將行星相對太陽的位置逐日標出，最後描點以得到行星繞日的軌道。

但是克卜勒並非位在太陽，又如何從地球觀點的「第谷數據」來轉換觀測原點（太陽）呢？這全要靠克卜勒發明的量天術。

由於克卜勒知道火星繞日的週期是 686 天（見本書第 9 章），因此他想，何不以 686 天為週期來看地日火的相對位置？如圖 10–2：

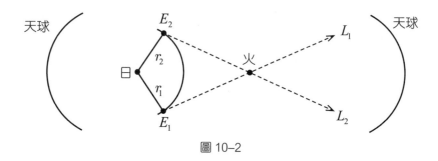

圖 10–2

不妨設第一年的 1 月 1 日，地球在 E_1，當天觀測到火星的方位（注意，並非距離），將此方位以直線 L_1 表示。在經過了 686 天之後（約在第二年的 10 月某日）再行觀察同一位置火星的方位，以 L_2 表

示，並在紙上將 L_1 與 L_2 的交點標出，該交點正是火星在當天的位置。據說克卜勒曾經如此標出數百個火星的位置。

　　但是關鍵在於，必須先行了解地球繞日的軌道，此即每一天 E_1 相對太陽的方位和地日距 r_1。這就是為什麼克卜勒最先得到的是地球的面積律。得到面積律相當於了解上圖中 r_1 與 r_2 的比值[8]。

　　不過由於地球橢圓軌道的離心率很小，只有 0.017，所以在下一章中，為了簡化討論我們暫假設地球繞日的軌道是圓。

☆ 腳註

❶ 本章部分內容取自《千古之謎》一書第四章。

❷ 指基於地球為中心所見行星運動的詭異現象和迷信等速圓周運動而創造的本均輪解釋模型。

❸ 五種正多面體又稱為柏拉圖立體 (Platonic solids)，對應了四個元素：土、空氣、火、水和五：宇宙。五種正多面體的詳細討論首見於歐幾里得《原本》的最後一章——第 13 章。一般相信這一章是整個《原本》總結性的篇章。

❹ 根據克卜勒的設計，土星與木星之間是正方體，木星與火星之間是正四面體，火星與地球之間是正十二面體，地球與金星之間是正二十面體，金星與水星之間是正八面體。

❺ 此因哥白尼仍然迷信行星繞日是等速圓周運動，而非克卜勒所發現服從面積律的橢圓運動。

❻ 克卜勒自 1596 年到 1627 年所完成重要的天文學著作有：《宇宙的奧祕》，《新天文學》(Astronomia nova)，《哥白尼天文學概要》(Epitome astronomiae Copernicanae)，《世界的和諧》(Harmonices Mundi) 及《魯道夫星表》(Tabulae Rudolphinae)。

❼ 參考《千古之謎》第四、五章及《數學傳播》34 卷 2 期：〈重訪克卜勒——地球的面積律與橢圓律〉。

❽ (一)面積律是指每一天地球掃過太陽的面積均相等，如圖 10-3：

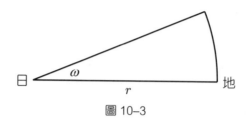

圖 10-3

地球在一天中走了角度 ω，假設當天日地距是 r，則上圖中的（近似）小扇形面積正比於 $\frac{1}{2}r^2\omega$。比較不同的兩天，則因為面積律而有 $\frac{1}{2}r_1^2\omega_1 = \frac{1}{2}r_2^2\omega_2$ 或 $\frac{r_1}{r_2} = \sqrt{\frac{\omega_2}{\omega_1}}$。至於 ω，就是地球觀察太陽在一天中黃經度數的變化，從可測值 ω 得知 r_1 與 r_2 的比值，並據以刻畫地球繞日的軌道。

(二)克卜勒因為擁有第谷累積二十年的觀測資料，所以他只需要查閱。萬一無法查閱，再以皇家數學家的身分指揮助手觀測或補正，包括必要時作內插或外插。

(三)地球面積律的獲得經過請參考《數學傳播》34 卷 2 期：〈重訪克卜勒〉。

(四)無論多麼仔細的計算，也無法「證明」火星繞日的軌道是橢圓。但是既然大膽推測是橢圓，就可以根據橢圓的性質和面積律做更多預測，並透過持續的觀測來驗證預測。

(五)在上述的結論裡，所有談論的幾何形狀都是基於相似形的觀點，不需要絕對距離。

(六)克卜勒發現的行星三大定律是

　1.橢圓律：行星繞日的軌道是一橢圓，太陽位居一焦點。

　2.面積律：行星繞日時，在單位時間，行星與太陽連線段所掃過的面積是一常數。

　3.週期律：在太陽系中，任一行星繞日軌道半長軸的立方和繞日週期的平方之比均相等。

第 11 章　跨週期量天術

一、模擬克卜勒計算火星位置

克卜勒一旦知道火星繞太陽的週期是 1.88 年（686.67 天），那麼如果在 1950 年 5 月 13 日從地球 E_1 所見太陽在黃經 51.901°，火星在 172.557°，並且一火星年（1.88 年）之後在 1952 年 3 月 30 日從地球 E_2 看太陽位在 9.473°，因為此刻火星回到原位，並且從 E_2 看火星在 228.333°，則追隨克卜勒我們有下列圖象[1]：

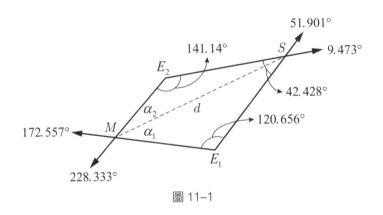

圖 11-1

圖中的角度分別來自：

$$120.656 = 172.557 - 51.901$$
$$42.428 = 51.901 - 9.473$$
$$141.14 = 360 - (228.333 - 9.473)$$

不妨設 $\overline{E_1 S} = \overline{E_2 S} = 1$，利用正弦定理計算 d：

$$\frac{d}{\sin 120.66°} = \frac{1}{\sin \alpha_1}$$

$$\frac{d}{\sin 141.14°} = \frac{1}{\sin \alpha_2}$$

$$\alpha_1 + \alpha_2 = 360° - 120.656° - 42.428° - 141.14° = 55.776°$$

前兩式相比得：

$$\frac{\sin \alpha_1}{\sin \alpha_2} = \frac{\sin 120.66°}{\sin 141.14°} = 1.37, \quad 即 \quad \frac{\sin(55.78° - \alpha_2)}{\sin \alpha_2} = 1.37$$

$$\sin 55.78° \cot \alpha_2 - \cos 55.78° = 1.37$$

所得 $\cot \alpha_2 = 2.335$, $\alpha_2 = 23°10'$, $\sin \alpha_2 = 0.3934$

$$\alpha_1 = 55.776° - 23°10' = 55.776° - 23.2° = 32.6°$$

代回 $d = \dfrac{\sin 141.14°}{\sin \alpha_2} = 1.59$

　　如此不僅知道 1950 年 5 月 13 日火日距是 1.59，同時也透過 α_1、α_2 而知道從 S 看 E_1 和 M 的夾角 $\angle E_1SM$ 是 $180° - 120.656° - 32.6°$ $= 26.7°$，又由 S 看 E_1 是黃經 $51.901° + 180° = 231.901°$，所以由 S 看 M 是黃經 $231.901° - 26.7° = 205.2°$，亦即可以完全了解 1950 年 5 月 13 日這一天，太陽與火星的位置關係：從 S 看，M 在黃經 205.2°，距離是 1.57。

　　這是克卜勒了解火星繞日軌道的根本原因。

　　反之，如果知道 1950 年 5 月 13 日火日距是 1.59，並且從太陽 S 看火星 M 是在黃經 205.2°，同一天從 S 看地球 E_1 是在黃經 $51.901° + 180° = 231.901°$，如圖 11-2：

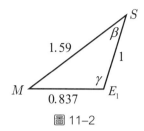

圖 11-2

則 β 角等於 $231.901° - 205.2° = 26.7°$，由餘弦定理得：

$$\overline{ME_1}^2 = 1.59^2 + 1^2 - 2 \times 1.59\cos\beta$$
$$= 2.56 + 1 - 2 \times 1.59\cos 26.7°$$
$$= 2.56 + 1 - 3.2 \times 0.8936$$
$$= 0.7$$

開方得 $\overline{ME_1} = 0.837$，再由正弦定理 $\dfrac{\sin\gamma}{1.59} = \dfrac{\sin\beta}{0.837}$，$\sin\gamma = \dfrac{1.59}{0.837} \times$ $\sin 26.7° = 1.9 \times 0.4488 = 0.8527$。

由於 $\cos 31.5° = 0.8527$，所以 $\gamma = 90° + 31.5° = 121.5°$（$\gamma$ 是鈍角），與本文一開始 $\angle ME_1S = 120.656°$ 大致相等，這是從地球 E_1 看火星與太陽的夾角。

亦即，從火星繞日的數據可以「翻譯」回到地球觀測火星的數據，而讓從地球觀測火星的方位可以預測，預測的工具是正、餘弦定理。

由於 E_1 和 E_2 也可能在 S、M 連線的同側，如下例所示[2]：

1971 年 2 月 17 日，從地球 E_1 觀察太陽在黃經 328 度，火星在黃經 256 度；一火星年後（1973 年 1 月 4 日），從地球 E_2 觀察太陽在黃經 285 度，火星在黃經 243 度。求這兩個時間的日火距離。

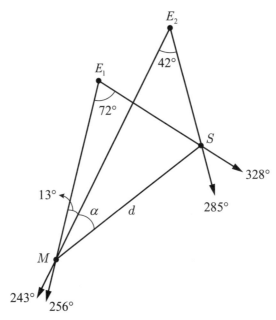

圖 11–3

$$\frac{d}{\sin 72°} = \frac{1}{\sin(\alpha + 13°)}$$

$$\frac{d}{\sin 42°} = \frac{1}{\sin \alpha}$$

$$\frac{\sin 72°}{\sin 42°} = \frac{\sin(\alpha + 13°)}{\sin \alpha} = \cos 13° + \sin 13° \cot \alpha$$

利用 $\cot \alpha = 1.987$ 反查得 $\alpha = 26.72°$，$d = \dfrac{\sin 42°}{\sin \alpha} = 1.4884$ AU，此時太陽 S 看火星 M 的方位為黃經 $243° - \alpha = 216.28°$。

二、（火星繞日）橢圓律的確定

　　克卜勒利用第谷的數據，加上跨週期量天術，得到了許多（相對於太陽）火星的方位和距離。起初，克卜勒只能稱火星的軌道是一個卵形線 (oval)，但是無法確認這個卵形線就是橢圓，這可能需要更多的證據。要知道，所謂的卵形線，一般並沒有簡潔的描述方式，但是橢圓有，只要給出半長軸 a、半短軸 b 和焦距 c，三者中之二，橢圓便確定了。

　　此外，我們要強調，克卜勒雖然找出數百個火星相對太陽的位置，就算描點很準，也不可能從嚴謹的數學來「證明」軌道是橢圓。克卜勒其實是一個實驗家，靠著第谷的「實驗」數據，因發明跨週期量天術而有突破，得到許多火星相對太陽的位置而繪出卵形線。在長期分析軌道的過程中，有些數據確向克卜勒展示了橢圓的特性。最後，克卜勒恍然大悟，他決定把卵形線看成是橢圓，沒想到這樣一來，絕大部分的數據都相當吻合。1605 年 10 月 11 日，第谷死後的第 5 年，克卜勒在給友人的信中興奮地提到：「因此，親愛的 Fabricius，我有了答案，行星的路徑是個完整的橢圓。」（見《千古之謎》頁 101）。如圖 11–4，火星繞日的軌道：

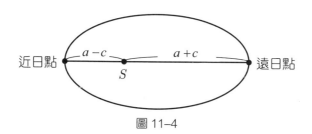

圖 11–4

在所有日火距中取最大值，其實就是遠日點，現在知道的大小是 1.67 AU，而最小值即近日點，是 1.38 AU，如果猜測軌道是橢圓，那麼就有

$$a + c = 1.67 \text{ (AU)}$$
$$a - c = 1.38 \text{ (AU)}$$

兩者相加減除以 2，得

$$a = 1.53 \text{ (AU)}$$
$$c = 0.145 \text{ (AU)}$$

因此便確定了橢圓的形狀。反過來說，如果只能稱它是一個卵形線，遠日點和近日點這兩個距離就不會有什麼重要的意義，永遠無法撥雲見日。

我們可以想像，當克卜勒成功的以橢圓律及面積律來描述個別行星的軌道，而又以週期律來統合所有的行星（見本章討論議題 1.及延伸閱讀 11.1: 為什麼不是圓?），也許在開始的一段時間，人們，特別是以托勒密的本、均輪為吃飯傢伙的當代天文學家，暫時無法接受。但是要不了多久，基於克卜勒學說的預測陸續出爐，陸續獲得驗證，並且再也不需要在天空中虛擬一堆大、小輪子，只要簡單的高中數學便可處理所有問題，新一代的天文學家便紛紛投向克卜勒學說和基於此的幾何計算方法，所謂的克卜勒時代大致上在 1630 年之後到來。

克卜勒在 1617～1621 年之間為了普及行星三大定律，分三卷出版了《哥白尼天文學概要》，這本書並不細說哥白尼系統，而是克卜勒學說的教科書。1627 年克卜勒出版他最後的著作《魯道夫星表》，根據這份星表所推算出的行星位置的精度，比按哥白尼理論推算的精度高出一百倍，其實克卜勒學說能夠普及的最大原因，主要是在實測上的有效能算。

　　隨後，克卜勒在 1629 年成功的預測在 1631 年 11 月 7 日有一次水星凌日，和同年 12 月 6 日有一次金星凌日。1630 年，克卜勒辭世。

　　克卜勒留下的問題是：為什麼行星繞日服從三大規律？規律背後真正的原因是什麼？在 1687 年這個問題最後由牛頓提出萬有引力解決，後人因此有詩讚曰：

面積即向心，週期表萬有。橢圓加焦點，反比是平方。

欲知後事如何，請看下回分解。

☆ 腳註

❶　㈠本章及習題之數據來自 J. Evans 在《*The History and Practice of Ancient Astronomy*》一書中所編之行星黃經表，見該書 pp. 290–294。

　　㈡火星繞日的軌道面和黃道面有 1.85° 的傾角，此處的計算忽略傾角，假設火星繞日亦在黃道面上。

　　㈢從 E_2 的位置再轉到 E_1 需要 $360\frac{1}{4} \times (2 - 1.88) = 43.83$ 天，在黃經上相當 $\dfrac{43.83}{365\frac{1}{4}} \times 360° = 0.12 \times 360° = 43.2°$，此處 $\angle E_1 S E_2 = 42.428°$ 是因為在 3 月到 5 月的時段，公轉的角速度比較慢，請參考本書第 12 章牛頓以幾何解釋面積律。

　　㈣如果照克卜勒原來的處理，$\overline{E_1 S}$ 和 $\overline{E_2 S}$ 不必相等，要尊重地球軌道的橢圓性，此處作適當的簡化取 $\overline{E_1 S} = \overline{E_2 S} = 1$。

❷　下面列出一些習題，每一題均包含兩組數據：

　　㈠某月某日，地球看太陽和火星的方位（黃經表）。

　　㈡經過一個火星年後，S、M 位置不變，地球看太陽和火星的方位。

　　並且假設火星繞日的軌道在黃道面上。

1.1971 年 2 月 27 日，從地球 E_1 觀察太陽在黃經 338 度，火星在黃經 262 度；一火星年後（1973 年 1 月 14 日），從地球 E_2 觀察太陽在黃經 294 度，火星在黃經 250 度。求這兩個時間的日火距離。

答：$\alpha = 26.41°$, $d = \dfrac{\sin 44°}{\sin \alpha} = 1.5617$ AU，

太陽看火星的方位為黃經 $250° - \alpha = 223.59°$。

2.1971 年 3 月 9 日，從地球 E_1 觀察太陽在黃經 348 度，火星在黃經 268 度；一火星年後（1973 年 1 月 24 日），從地球 E_2 觀察太陽在黃經 304 度，火星在黃經 257 度。求這兩個時間的日火距離。

答：$\alpha = 27.6°$, $d = \dfrac{\sin 47°}{\sin \alpha} = 1.578$ AU，

太陽看火星的方位為黃經 $257° - \alpha = 229.4°$。

3.1971 年 3 月 19 日，從地球 E_1 觀察太陽在黃經 358 度，火星在黃經 274 度；一火星年後（1973 年 2 月 3 日），從地球 E_2 觀察太陽在黃經 314 度，火星在黃經 264 度。求這兩個時間的日火距離。

答：$\alpha = 28.99°$, $d = \dfrac{\sin 50°}{\sin \alpha} = 1.5808$ AU，

太陽看火星的方位為黃經 $264° - \alpha = 235.01°$。

4.1971 年 4 月 8 日，從地球 E_1 觀察太陽在黃經 18 度，火星在黃經 286 度；一火星年後（1973 年 2 月 23 日），從地球 E_2 觀察太陽在黃經 335 度，火星在黃經 278 度。求這兩個時間的日火距離。

答：$\alpha = 34.65°$, $d = \dfrac{\sin 57°}{\sin \alpha} = 1.475$ AU，

太陽看火星的方位為黃經 $278° - \alpha = 243.35°$。

5.1971 年 4 月 28 日，從地球 E_1 觀察太陽在黃經 37 度，火星在黃經 297 度；一火星年後（1973 年 3 月 15 日），從地球 E_2 觀察太陽在黃經 355 度，火星在黃經 292 度。求這兩個時間的日火距離。

答：$\alpha = 38.625°$, $d = \dfrac{\sin 63°}{\sin \alpha} = 1.427$AU，

太陽看火星的方位為黃經 $292° - \alpha = 253.375°$。

| 討論議題 |

1.如果知道火星的軌道是橢圓，並且知道下列事實：

　a.遠日點和近日點對太陽的方位和距離（以黃經和 AU 表示）

　b.半長軸 a 和焦距 c（以 AU 表示）

　c.火星繞日的週期

　d.面積律

　e.某一特定時日（例如今年 1 月 1 日）火星對太陽的距離和方位

　你是否能刻畫出往後每一天火星的位置？

2.網路搜尋諸行星的 a（軌道半長軸）和 T（繞日週期），計算 $\dfrac{a^3}{T^2}$，以實算說明週期律。

3.網路搜尋諸行星的 a 和 c（軌道焦距），並計算 $\dfrac{c}{a}$，$\dfrac{c}{a}$ 稱為離心率。

4.複習牛頓提出的三大運動定律，並說明位置、速度、加速度、質量和力等概念。你認為行星繞日，必定是因為行星和太陽之間有吸引力，對嗎？

5.延伸閱讀 11.1：為什麼不是圓？（本文從圓周運動的特例初步了解行星三大定律）

第 12 章 《原理》破解行星律

在進入本章之前，我們先略提科學史上幾個重要的里程碑：

1. 哥白尼 (1473～1543)，西元 1543 年出版《天體運行論》，主張太陽是宇宙的中心，開了（反亞里斯多德）科學革命的第一槍。

2. 第谷 (1546～1601)，最偉大、最精密的裸眼天文觀測者。在臨終時，由克卜勒接管第谷長達 30 年的觀測數據。

3. 克卜勒 (1571～1630)，從第谷的遺作中整理、計算、歸納出行星三大定律。

4. 伽利略 (1564～1642)，提出慣性定律，理解自由落體是等加速度運動。1609 年首度將望遠鏡舉向天空，看到了木星的四顆衛星、金星的盈虧、月球崎嶇的表面，從此堅決的主張日心說，而在 1632 年遭教廷終身監禁。

5. 牛頓 (1642～1727) 在 1687 年出版《自然哲學的數學原理》（簡稱《原理》），從幾何／微積分及運動三大定律成功的以萬有引力解釋了克卜勒的三大行星律，並奠定了近代物理學的基礎。

牛頓是有史以來唯一一位同時擁有數學和物理最高光環的人。在《原理》出版的年代，微積分正處萌芽，因此牛頓並不刻意使用微積分的記號，但是充分引用微積分的核心概念——極限來進行數學推論。所以，牛頓在第一卷第一章緊接著八大物理量的定義和三大運動定律之後，便介紹常用的極限方法。該章的標題為「初量與終量的比值方法，藉此下述引理可以得證」，其中包含 11 個引理，如弧長與弦長之

比值的極限趨近於 1（引理 7），或上和、下和與曲線之下覆蓋的面積之間比值的極限趨近於 1（引理 2、3）。

由於牛頓為了刻意迴避微分、積分的符號，加之又大量引用幾何論證，不免造成讀者閱讀的困難。牛頓充分明白此點，所以在《原理》第三卷的開頭，對讀者說了下面幾句話：

> 我並不主張所有人都把前兩卷中的命題逐條研習，因為它們為數過多太費時間，甚至對於通曉數學的人而言也是如此。如果讀者仔細讀過定義，運動定律和第一卷的前三章，即已足夠。

第一卷第二章「向心力的確定」主要是討論克卜勒面積律和向心力等價的數學論證。第三章「物體在偏心的圓錐曲線上的運動」討論克卜勒的直接問題 (direct problem) 和逆問題 (inverse problem)。直接問題對應該章中的命題 11，內容是從克卜勒橢圓律出發，推導出向心力的平方反比規律；逆問題對應該章命題 17，內容是假設物體受到與距離的平方成反比的向心力，求證此物體的運動軌跡是圓錐曲線（橢圓、拋物線或雙曲線，視物體的初始位置和速度而定）。

牛頓在《原理》中對橢圓律等價於平方反比向心力的證明太難，常令讀者望而卻步。數學史家克萊因 (M. Kline, 1908～1992) 曾如此描述：

> 雖然此書帶給牛頓極大名望，但它卻非常難以了解。牛頓曾告訴一位朋友，他有意讓此書艱難，以免受數學膚淺者的貶抑，他毫無疑問希望藉此避免早期在光學論文上所承受的批判。

我們因此為讀者準備 4 篇比較淺顯的附錄來闡釋萬有引力和克卜勒行星律的關聯，這 4 篇分別是：

⑴附錄 12.2　牛頓以幾何解釋面積律

本篇最為基本，它說明了面積律代表行星受到太陽的吸引力而運動，行星不會墜落太陽是因為行星有平移的速度。

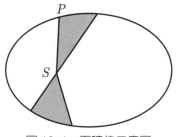

圖 12–1　面積律示意圖

⑵附錄 12.3　曲率、曲率半徑、速度與法線加速度

由於行星繞日的軌道是橢圓，因此橢圓的幾何性質便是破解橢圓律的關鍵。對曲線來說曲率代表曲線在每一點彎曲的程度。就運動學而言，曲率和向心加速度在法線上的分量有關，兩者基本上成比例。所以，如果要了解向心力或向心加速度的大小，必須要了解橢圓的曲率特性。（牛頓在《原理》第一卷第一章的引理 11 討論曲率的概念和計算法，本篇基本上追隨牛頓。）

⑶附錄 12.4　橢圓的曲率（半徑）公式

本篇繼 12.3 的結論用於計算橢圓的曲率（半徑）公式，公式本身非常簡潔，有助於破解克卜勒的行星律。

⑷附錄 12.5　真相大白

本篇繼 12.4 的討論，分析行星繞日所受的向心加速度（即向心力），而得到此一向心加速度與行星至日距離的平方成反比，比例常數 $4\pi^2 \dfrac{a^3}{T^2}$ 受週期律的規範而萬有，此為 Universal Gravitation（萬有引力）一詞之由來。事實上從萬有引力的公式

$$G\frac{M_S M_P}{d^2} = M_P A$$

式中 G 為萬有引力常數，M_S、M_P 分別為太陽、行星的質量，d 為其間的距離，A 為向心加速度，可見 $A = \dfrac{GM_S}{d^2}$，因此 $\dfrac{4\pi^2 a^3}{T^2}$ 就是 GM_S，為太陽系諸行星（包括哈雷彗星）所共有。

　　敬請各位參考以上四篇附錄。

評康熙朝的一場天文比試

　　楊光先和吳明烜原是康熙朝的欽天監監正和監副（國家天文局局長和副局長）。康熙親政之後，命令這對難兄難弟與傳教士南懷仁比賽，預測立竿的日影和太陽的仰角，結果楊吳一敗塗地，幾遭問斬。此後百餘年，欽天監的業務盡交洋人主持。直到道光年間，洋天文學家或歸國或老死，而欽天監的中國官員也已學會西法，才停止延請洋人入監[❶]。

　　立竿見影這套設計又名日晷，功能之一是利用每天正午時的竿影來判斷一年中的時序。在北回歸線以北的地帶，亦即緯度高於北緯23.5°的地帶，夏至（約6月22日）這一天的日影最短，冬至（約12月22日）這一天的日影最長。由於每一天太陽直射地球的緯度不同，因此正午時的日影也隨之而有消長，請看圖1（以下的討論均假設竿子立在位於北緯40°的北京）：

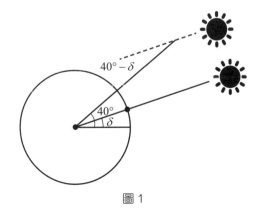

圖1

圖中，太陽直射北緯 δ。由於北京位於北緯 $40°$，因此陽光與立竿的夾角是 $40° - \delta$，再從圖 2 這個直角三角形看出影長與竿長之比是 $\tan(40° - \delta)$。

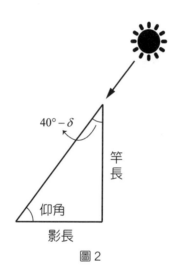

圖 2

以夏至這一天為例，$\delta = 23.5°$，$\tan(40° - 23.5°) \approx 0.3$。因此如果立竿高 200 公分，正午的影長就是 60 公分。到了冬至這一天，影長與竿長之比變成 $\tan(40° + 23.5°) \approx 2.0$，竿長 200 公分對應的影長大約是 400 公分。

至於太陽的仰角，從圖 2 可以看出正午的時候，這個仰角就是 $40° - \delta$ 的餘角，亦即 $50° + \delta$。因此在夏至的時候是 $73.5°$，冬至的時候是 $26.5°$，不過這是正午的情形。如果問的是北京某日，下午三點時的仰角，那又另當別論，因為如圖 3（y 軸指向正南）：

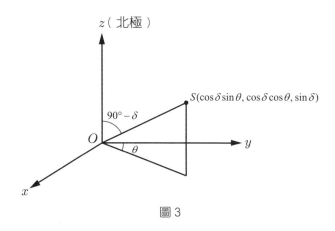

圖 3

正午時太陽在正南，對應 $\theta = 0°$，此時太陽的方向向量是 $(0, \cos\delta, \sin\delta)$。由於地球由西向東繞北極自轉，因此在正午以後，太陽的方向向量 $(0, \cos\delta, \sin\delta)$ 向著 x 軸（指向西方），繞 z 軸轉了 θ 角，新的方向是 $(\cos\delta\sin\theta, \cos\delta\cos\theta, \sin\delta)$。如果要了解這個方向在北京的仰角 γ，或者 $\cos(90° - \gamma)$，就要將此方向與在北京立竿的方向 $(0, \cos 40°, \sin 40°)$ 作內積而得到 γ、θ 和 δ 的關係式：

$$\sin\gamma = \cos(90° - \gamma) = \cos 40° \cos\delta \cos\theta + \sin 40° \sin\delta \qquad (1)$$

而此刻竿影與竿長之比就是 $\tan(90° - \gamma)$。

　　例如，在正午的時候，$\theta = 0°$，$\sin\gamma = \cos 40° \cos\delta + \sin 40° \sin\delta = \cos(40° - \delta)$，亦即 $\gamma = 90° - (40° - \delta) = 50° + \delta$，與前文所求相符。若是要求下午 3 時的仰角 γ，則在公式中，θ 要以 45° 代入，或是要求上午 9 時的仰角，公式中的 θ 要以 −45° 代入，這是因為每一小時地球自轉 15°，注意到式中 δ 代表太陽直射地球的緯度。

　　前面提到，夏至的時候，δ＝23.5°，冬至的時候，δ＝-23.5°，其間春秋分的時候，δ＝0°。上述二至和二分是一年中四個最重要的節氣，通常發生在 6 月 22 日、12 月 22 日、3 月 21 日和 9 月 23 日。然而在這四個節氣之間，δ 與日期的關係並非線性，而是要看地球當日在公轉軌道上的位置。

　　我們在夜晚從地球觀天，極目所見，只有角度（方向），沒有遠近，這就是所謂的天球，球面上繁星點點，是所謂的恆星，它們之間的相對位置關係不變，但是每天繞北極星旋轉一圈。若將地球的經緯度從地心投射到天球，則在天球上就有了所謂的赤經和赤緯，並且又將地球所見太陽的軌跡也投射到天球，就是所謂的黃道。我們以黃道為黃經和黃緯系統的赤道，換句話說，黃道相當於黃緯的零度。

　　現在，以地球為原點（球心），在天球上有兩組球坐標，一是黃經黃緯，一是赤經赤緯。如圖 4：

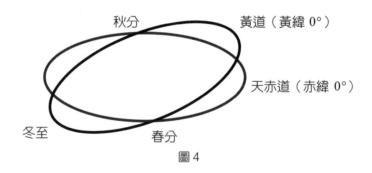

秋分　　　　黃道（黃緯 0°）

天赤道（赤緯 0°）

冬至　　　春分

圖 4

圖中天赤道這一圈是從地心將地球赤道投射到天球的軌跡，在天球上定為赤緯 0°，黃道這一圈是太陽在天球上的軌跡，定為黃緯 0°。這兩個大圓有兩個交點，一個點是春分定為黃（赤）經 0°，另一個點是秋分定為黃（赤）經 180°。以下是二至二分的經緯度：

	赤經	赤緯	黃經	黃緯
春分	0°	0°	0°	0°
夏至	90°	23.5°	90°	0°
秋分	180°	0°	180°	0°
冬至	270°	−23.5°	270°	0°

習慣上，我們以 (λ, β) 表示黃經黃緯，以 (α, δ) 表示赤經赤緯；兩者有下列的換算公式：

$$\sin\delta = \sin\varepsilon\sin\lambda\cos\beta + \cos\varepsilon\sin\beta$$
$$\cos\alpha\cos\delta = \cos\lambda\cos\beta$$
$$\sin\alpha\cos\delta = \cos\varepsilon\sin\lambda\cos\beta - \sin\varepsilon\sin\beta \qquad (2)$$

或

$$\sin\beta = \cos\varepsilon\sin\delta - \sin\alpha\cos\delta\sin\varepsilon$$
$$\cos\lambda\cos\beta = \cos\alpha\cos\delta$$
$$\sin\lambda\cos\beta = \sin\varepsilon\sin\delta + \sin\alpha\cos\delta\cos\varepsilon$$

式中 ε 代表黃赤夾角，大約是 23.5°[2]。

　　回到楊吳與南懷仁的比試。若要知道某月某日太陽直射地球的緯度，等於是要知道當天太陽的赤緯 δ。以 4 月 20 日這一天為例，由於這一天太陽約在黃經 30°，亦即將 $\lambda = 30°$、$\beta = 0°$、$\varepsilon = 23.5°$ 代入換算公式(2)得到

$$\sin\delta = \sin 23.5°\sin 30°\cos 0° \approx 0.4 \times 0.5 = 0.2$$

因此 δ 大約是 $11°40'$。

　　再由(1)式，求 4 月 20 日上午 9 時 ($\theta = -45°$)，太陽在北京的仰角 γ

$$\sin\gamma = \cos 40°\cos 11°40'\cos(-45°) + \sin 40°\sin 11°40' \approx 0.66$$

γ 大約是 41°。但是在同一天正午太陽的仰角卻是 $50° + \delta$ $= 50° + 11°40'$，約為 $61°40'$，兩者相差 20° 左右。

從上面的計算看來，中國的天文官如果不知道幾何及三角，又不能理解地球是球形，乃至於不清楚北京城的緯度，在這種劣勢之下如何進行最基本的預測？無怪乎楊吳大敗於南懷仁，一言以蔽之，數學太差，理所當敗。

原載《數學傳播》36 卷 3 期

⭐ 腳註

❶ 這場比試可參考史景遷著《改變中國》中文譯本 30、31 頁（時報文化出版公司，2004 年）或是 Google「楊光先」。

❷ 我們略證第一組換算公式：

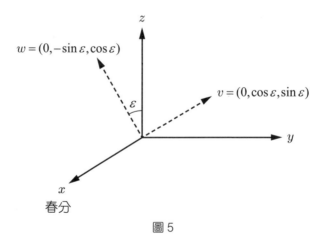

圖 5

如圖 5，原點是地球，春分在 (1, 0, 0)，xy 平面是天赤道面，z 軸指向北極星。黃經黃緯系統的三個互相垂直的單位向量依序為 (1, 0, 0)，$v = (0, \cos \varepsilon, \sin \varepsilon)$ 和 $w = (0, -\sin \varepsilon, \cos \varepsilon)$，其中 (1, 0, 0) 和 v 張出黃道面，w 是黃道面的法向量，其與北極方向的夾角是 $\varepsilon = 23.5°$。在天球面上赤經赤緯是 (α, δ)

時，代表空間向量

$$(\cos\delta\cos\alpha,\ \cos\delta\sin\alpha,\ \sin\delta) \tag{3}$$

而黃經黃緯是 $(\lambda,\ \beta)$ 時，代表空間向量

$$\cos\beta\cos\lambda(1,\ 0,\ 0)+\cos\beta\sin\lambda(0,\ \cos\varepsilon,\ \sin\varepsilon)+\sin\beta(0,\ -\sin\varepsilon,\ \cos\varepsilon) \tag{4}$$

令(3)＝(4)就得到第一組換算公式，至於第二組，可由第一組中 ε 代以 $-\varepsilon$，$(\lambda,\ \beta)$ 和 $(\alpha,\ \delta)$ 交換而得。

太陽直射地球的緯度

　　每一天日落之後不久，北極星在天空出現，若以兩根窺管，一根指向北極星，一根指向太陽，其間所夾角度的餘角，就是太陽直射地球的緯度。在夏至時，是 23.5°，冬至時是 −23.5°。以下提供一個利用太陽在黃道上的位置來計算直射地球緯度的辦法。

　　若以黃道為黃緯 0°，並以黃道與天赤道的交點（春分）為黃經 0°，以此建立的天球坐標稱為黃經黃緯，而以天赤道為赤緯 0° 所建立的天球坐標稱為赤經赤緯，赤經 0° 亦定在黃赤交點，以下是兩至兩分時，太陽在黃經黃緯和赤經赤緯的度數。

	春分	夏至	秋分	冬至
黃經	0°	90°	180°	270°
黃緯	0°	0°	0°	0°
赤經	0°	90°	180°	270°
赤緯	0°	23.5°	0°	−23.5°

　　事實上，某一天太陽在天球上的赤緯就是太陽直射地球的緯度。

　　現在，將地球置於原點，如圖 6，太陽在 x, y 平面上繞地球（原點）由西向東轉。

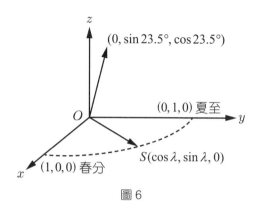

圖 6

不考慮地球的自轉，z 軸是黃道面的法線，令地軸為單位向量 $(0,$ $\sin 23.5°,\ \cos 23.5°)$，當太陽在 $(1, 0, 0)$ 即 x 軸正向時，定為黃經 $0°$，而 $(0, 1, 0)$ 即 y 軸正向，是為黃經 $90°$。當太陽在黃道上任何一點，如果是黃經 λ 度，就以單位向量 $(\cos \lambda,\ \sin \lambda,\ 0)$ 代表位置。

如圖，太陽在點 $S = (\cos \lambda,\ \sin \lambda,\ 0)$，其向地球發出的光線均平行於 $\overrightarrow{SO}$，因此 OS 與地軸的夾角的餘角就是太陽直射地球的緯度。

此一緯度以 δ 表，則有（內積公式）

$$\sin \delta = (\cos \lambda,\ \sin \lambda,\ 0) \cdot (0,\ \sin 23.5°,\ \cos 23.5°) = \sin \lambda \sin 23.5°$$

如果我們知道某一天太陽的黃經度數 λ，便可據以求出當天太陽直射地球的緯度 δ。

例 1：$\lambda = 90°$, $\sin \delta = \sin 23.5°$, $\delta = 23.5°$，此即夏至。

例 2：$\lambda = 180°$, $\sin \delta = 0$, $\delta = 0°$，此即秋分。

例 3：$\lambda = 270°$, $\sin \delta = -\sin 23.5°$, $\delta = -23.5°$，此即冬至。

例 4：$\lambda = 30°$, $\sin \delta = 0.5 \times \sin 23.5° \approx 0.5 \times 0.4 = 0.2$，

　　　查表得 $\delta = 11°40'$，這一天是 24 節氣中的穀雨（約在每年的 4 月 20 日）。

地平坐標系

要確定某一個天體（恆星）在天球上的位置，通常有三個坐標系統：㈠地平坐標㈡赤道坐標（赤經、赤緯）㈢黃道坐標（黃經、黃緯）❶。

地平坐標是以觀測者所在的位置為原點，所在的地平面為水平面。假想觀測者站立，面向北極星，從北極星出發，而過觀測者頭上天頂有一條子午線，這條子午線是一條赤經線。如圖7，以站立者為向量 e_3，指向天頂，站立者腳下在地平面上指向正南方的向量為 e_1，e_1、e_3 所張出的平面與上述子午線所形成的大圓面是相同的平面，與此平面垂直的向量 e_2 指向正東，我們取 e_1、e_2、e_3 為互相垂直的單位長向量，e_1 反方向的虛線在地平面上指向正北。

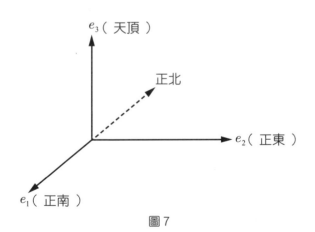

圖7

對任一天體，我們賦予它一個仰角 a（又稱高度角）及一個方位角 A，方位角 A 從正北順時鐘往正東測下來，a 的餘角 $90° - a$ 稱為天頂距，如圖 8 所示：

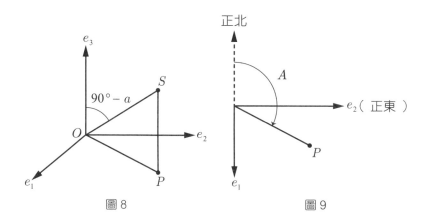

圖 8　　　　　　　　　　圖 9

天體 S 和原點的連線與天頂的夾角 $90° - a$，S 到地平面的投影 P，從正北往正東量過來的夾角 A。假想 e_1、e_2、e_3 分別代表 $(1, 0, 0)$, $(0, 1, 0)$, $(0, 0, 1)$，則 S 在地平坐標的三個分量（OS 是單位向量）為

$$(-\cos a \cos A, \ \cos a \sin A, \ \sin a)$$

如果以單位向量 e_1、e_2、e_3 表示，

天體 $OS = -\cos a \cos A(e_1) + \cos a \sin A(e_2) + \sin a(e_3)$。

地平坐標的原點雖然在地球表面觀測者的位置，但是因為地球相較天球為甚小，可以看成一點，所以地平坐標的原點可以擺在地心，與赤道坐標的原點一致，如此兩個坐標系便可以互相比較。

現在考慮赤道坐標，赤道坐標即從地心將地球上的經緯度投向天球，赤緯 δ 代表天體和北極星方向夾角的餘角（此一夾角中國古稱去極度），赤經的量度是用恆星時 HA 來表示，它的定義方式如下圖：

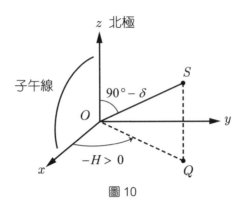

圖 10

　　圖中子午線是指前述通過觀測者的赤經，因此 x-z 平面和 e_1、e_3 平面相同，另外注意到此圖中 xy 平面是天赤道的平面，與地平坐標的 e_1、e_2 平面不同，後者是觀測者的所在位置的地球切平面，但是 y 軸和 e_2 是一致的，都是指向正東。至於角度 H 的定義是將圖中的子午線定為 $H = 0°$，若是在 x 軸的西方，$H > 0$，在 x 軸的東方，$H < 0$。H 或 HA 稱為時角 (Hour angle)。在上述的赤道坐標中，OS 的坐標為

$$(\cos\delta\cos(-H),\ \cos\delta\sin(-H),\ \sin\delta)$$
$$= (\cos\delta\cos H,\ -\cos\delta\sin H,\ \sin\delta)$$

　　接下來比較這兩個坐標系，從赤道坐標看來，地平坐標的 e_2 即 y 軸，所以 e_2 的赤道坐標是 $(0, 1, 0)$。假設觀測者所在的（赤）緯度是 ψ，則 e_3 因為指向天頂，與北極星的夾角是 $90° - \psi$，因此 e_3 的赤道坐標是（注意 e_3 和 e_2 垂直，都在上圖的子午線大圓面上）$e_3 = (\cos\psi, 0, \sin\psi)$，剩下的 e_1 要和 e_2、e_3 同時垂直，並且指向南方，所以是 $e_1 = (\sin\psi, 0, -\cos\psi)$。將天頂的兩種坐標看成同一個向量的兩種表示

$$(\cos\delta\cos H,\ -\cos\delta\sin H,\ \sin\delta)$$
$$=-\cos a\cos A(\sin\psi,\ 0,\ -\cos\psi)+\cos a\sin A(0,\ 1,\ 0)$$
$$\quad+\sin a(\cos\psi,\ 0,\ \sin\psi)$$
$$\cos\delta\cos H=\cos\psi\sin a-\sin\psi\cos a\cos A$$
$$\cos\delta\sin H=-\sin A\cos a$$
$$\sin\delta=\sin\psi\sin a+\cos\psi\cos a\cos A$$

另一個等價的轉換公式是：

$$\sin a=\sin\psi\sin\delta+\cos\psi\cos\delta\cos H$$
$$\cos A\cos a=\cos\psi\sin\delta-\sin\psi\cos\delta\cos H$$
$$\sin A\cos a=-\cos\delta\sin H$$

這就是赤道坐標和地平坐標的轉換公式。

　　至於時角 HA，是指 $H/15°$（小時），例如 $2.5HA$ 表示天體在子午線西方 $2.5\times15°=37.5°$ 的位置，HA 的單位是小時[2]。

　　我們注意，e_1 和 e_3 決定的平面即觀測者所在的子午線平面。HA（或 H）的量度是一種赤經量法，但並非以春分點為 $0°$，而是以觀測者所在的子午線為 $0°$，表示天體通過天頂子午線的時間。

⭐ 腳註

❶ 地平坐標是最基本的坐標系統，但是兩個觀測者要如何以各自的地平坐標觀測所得來溝通？（注意，每一地平坐標都有專屬的赤經子午線）

❷ 地球表面自轉一周天需時 24 小時，每一小時相當 $\dfrac{360}{24}=15°$。

晝夜長短與日出方位

　　假設在臺北（緯度 $\theta = 25°$）的某日，太陽直射地球的緯度是 $\delta(-23.5° \le \delta \le 23.5°)$，我們想要計算當天晝夜長短和日出的方位。

　　為了計算方便，我們立下一個坐標系：

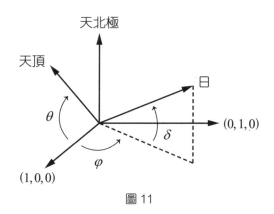

圖 11

　　如圖 11，原點代表臺北，z 軸指向天北極，xy 平面即天赤道面，(1, 0, 0) 指向正南，(0, 1, 0) 指向正東，天頂：$(\cos\theta, 0, \sin\theta)$ 是臺北地平面的法向量，θ 是臺北的緯度，$\theta = 25°$。地平面包含 (0, 1, 0)，(0, 1, 0) 亦為地平面之正東方方向，地平面之正南方向為外積 $(0, 1, 0) \times (\cos\theta, 0, \sin\theta) = (\sin\theta, 0, -\cos\theta)$。

　　日出（日落）時，代表太陽的單位向量 $(\cos\delta\cos\varphi, \cos\delta\sin\varphi, \sin\delta)$ 和天頂垂直：$(\cos\delta\cos\varphi, \cos\delta\sin\varphi, \sin\delta) \cdot (\cos\theta, 0, \sin\theta) = 0$ 或

$\cos\delta\cos\varphi\cos\theta + \sin\delta\sin\theta = 0,\ \cos\varphi = -\dfrac{\sin\delta\sin\theta}{\cos\delta\cos\theta} = -\tan\delta\tan\theta\,\text{。}$

今假設夏至日，$\delta = 23.5°$，$\theta = 25°$，$\cos\varphi = -\tan 23.5°\tan 25°$ [1] 或 $\sin(\varphi - 90°) = \tan 23.5°\tan 25°$ 解得：

$$\varphi - 90° = 0.204\ \text{弧度} = 11.7°,\ \varphi = 90° + 11.7° = 101.7°$$

φ 另一解是 $-101.7°$，所以晝長是 $24\ \text{小時}\times\dfrac{2\times 101.7°}{360°} = 13.56\ \text{小時}$。

日出方位角 D 乃太陽向量與正東 $(0,\ 1,\ 0)$ 之夾角，則：

$$\cos D = (\cos\delta\cos\varphi,\ \cos\delta\sin\varphi,\ \sin\delta)\cdot(0,\ 1,\ 0) = \cos\delta\sin\varphi$$

但 $\cos\varphi = -\tan\delta\tan\theta$，所以將 $\sin\varphi$ 以 $\sqrt{1 - \cos^2\varphi}$ 代入得：

$$\cos D = \cos\delta\sqrt{1 - \tan^2\delta\tan^2\theta} = \sqrt{\cos^2\delta - \sin^2\delta\tan^2\theta}$$

整理後得

$$\cos D = \frac{1}{\cos\theta}\sqrt{\cos(\delta + \theta)\cos(\delta - \theta)}\ \text{[2]}$$

$\delta = 23.5°$，$\theta = 25°$ 代入 $\cos D = \dfrac{1}{\cos 25°}\sqrt{\cos 48.5°\cos 1.5°} = 0.898$，算出 $D = 0.456\ \text{弧度} = 26°$。亦即，夏至時，在臺北看日出的方位為東偏北 $26°$。

⭐ 腳註

❶ 也可以直接求 $-\tan 23.5°\tan 25°$ 對應的 $\cos\varphi$ 中的 φ 角。

❷ 如不化簡，直接計算 $\cos D = \cos\delta\sqrt{1 - \tan^2\delta\tan^2\theta}$ 亦可。

下面列出一些習題：

1. 已知二十四節氣中的清明這一天太陽直射地球的緯度為北緯 5.9 度，且臺北位於北緯 25 度，試算出這一天臺北地區的晝夜長短和日出方位。

　　$\varphi = \pm 92.76°$，晝長：12hr 22min，夜長：11hr 38min，日出方位：東偏北 6.5°

2. 已知二十四節氣中的小滿這一天太陽直射地球的緯度為北緯 20.2 度，且臺北位於北緯 25 度，試算出這一天臺北地區的晝夜長短和日出方位。

　　$\varphi = \pm 99.88°$，晝長：13hr 19min，夜長：10hr 41min，日出方位：東偏北 22.4°

3. 已知二十四節氣中的大暑這一天太陽直射地球的緯度為北緯 20.2 度，且臺北位於北緯 25 度，試算出這一天臺北地區的晝夜長短和日出方位。

　　$\varphi = \pm 99.88°$，晝長：13hr 19min，夜長：10hr 41min，日出方位：東偏北 22.4°

4. 已知二十四節氣中的白露這一天太陽直射地球的緯度為北緯 5.9 度，且臺北位於北緯 25 度，試算出這一天臺北地區的晝夜長短和日出方位。

　　$\varphi = \pm 92.76°$，晝長：12hr 22min，夜長：11hr 38min，日出方位：東偏北 6.5°

5. 已知二十四節氣中的立冬這一天太陽直射地球的緯度為南緯 16.4 度，且臺北位於北緯 25 度，試算出這一天臺北地區的晝夜長短和日出方位。

　　$\varphi = \pm 82.11°$，晝長：10hr 57min，夜長：13hr 3min，日出方位：東偏南 18.2°

6. 已知二十四節氣中的小雪這一天太陽直射地球的緯度為南緯 20.2 度，且臺北位於北緯 25 度，試算出這一天臺北地區的晝夜長短和日出方位。

　　$\varphi = \pm 80.12°$，晝長：10hr 41min，夜長：13hr 19min，日出方位：東偏南 22.4°

7. 已知二十四節氣中的小寒這一天太陽直射地球的緯度為南緯 22.7 度，且臺北位於北緯 25 度，試算出這一天臺北地區的晝夜長短和日出方位。

　　$\varphi = \pm 78.75°$，晝長：10hr 30min，夜長：13hr 30min，日出方位：東偏南 25.2°

8. 已知二十四節氣中的驚蟄這一天太陽直射地球的緯度為南緯 5.9 度，且臺北位於北緯 25 度，試算出這一天臺北地區的晝夜長短和日出方位。

　　$\varphi = \pm 87.24°$，晝長：11hr 38min，夜長：12hr 22min，日出方位：東偏南 6.5°

倫敦奧運誰遲到?

2012 年奧運從 7 月 27 日起到 8 月 12 日止，就要在英國倫敦舉行。我要預測哪個國家會遲到嗎? 不，我沒有未卜先知的本事。倫敦舉辦過 1948 年及 1908 年的奧運，我要談的是 1908 年的倫敦奧運。

1908 年的奧運原本預定在羅馬舉行，但 1906 年 4 月 7 日維蘇威火山大爆發，義大利政府只得把財政集中用來賑災，主辦奧運的事就由倫敦接手。

倫敦那一次的奧運，共有 22 個國家參加 102 項賽事，從 4 月 27 日開始到 8 月 12 日，陸續在英國各地上場。當時的帝俄組了一支代表團，沒想到抵達時，要參加的項目都已經比賽完了。原來帝俄用的曆法和英國用的相差竟有 12 日之多。當年英國的 4 月 27 日，在帝俄還只是 4 月 15 日，而帝俄的 4 月 27 日，在英國已經是 5 月 9 日。

當時英國使用的是現在通行世界的西曆，稱為「格里曆」，是教宗格里高利十三世於 1582 年頒佈，改自原來使用的「儒略曆」。1908 年帝俄用的仍然是儒略曆。

凱撒大帝於西元前 45 年頒行陽曆儒略曆，一年 365 日，每四年增閏一日。所以儒略曆一年平均有 365.25 日，與地球繞太陽一周的迴歸年 365.2422 日相比，還算吻合。

不過 365.25 日與 365.2422 日到底還是相差 0.0078 日，也就是說每 100 年，人為的儒略年會比自然的迴歸年多 0.78 日。幾世紀下來，基督教所重視的春分（每年的復活節定為春分後第一次月圓後的第一

個星期日），在日曆上會一直提早到來。到了教宗格里高利十三世時，春分發生在日曆上的 3 月 11 日，比西元 325 年基督教第一次大公會議所規定的「春分應於日曆上的 3 月 21 日發生」提早了 10 日。

這樣的誤差教宗無法忍受，於是下詔改曆。改曆有三個重點。第一，把 1582 年日曆上的 10 月 5 日到 10 月 14 日這 10 日跳掉，這樣 1583 年的春分就會落在規定的 3 月 21 日。第二，保持每四年閏一日的原則，但是 400 除不盡的世紀年，譬如 1700、1800 年，則取消閏日，而 400 除得盡的世紀年，譬如 1600、2000 年仍置閏日。這樣每 400 年共有 97 閏，平均一年長為 365.2425 日，與迴歸年的 365.2422 日更吻合。第三，請數學天文學家克拉維爾斯 (Christoph Clavius) 提供一套事前能決定每年復活節日期的計算方法，使鄉下的神職人員也能勝任算出。

新頒的格里曆當然比原來的儒略曆好，但那時候正值新教興起，新教地區刻意抵制教宗的格里曆。所以格里曆首先由天主教地區採用，約 100 年之後，新教地區才完全跟進。另創英國國教的英國，直到 1752 年才改弦更張。東正教的國家更晚，其中的俄國直到 1918 年，也就是革命後的第二年，才採用格里曆。各東正教教會又更晚，有的到現在還堅持使用儒略曆；有的雖然接受了格里曆，但復活節日期的推算還是用改曆前的老方法。

有了這樣曲折的改曆過程，許多小故事就發生了。義大利在 1582 年率先使用格甲曆，於是有 本小說《我的生日不見了》（中譯本由天下文化出版）的小孩主角發現，1582 年這一年，他的生日 10 月 10 日不見了！

生日不見了的人還包括真實人物利瑪竇，他是克拉維爾斯的學生，生日是 10 月 6 日，1582 那一年他來到澳門，開始傳教。一個地區無

論什麼時候才改用格里曆，跳掉多出的日子總是要的，生日不見了的人總是有的。

牛頓生於 1642 年 12 月 25 日，英國人認為是上天賜給人類的耶誕禮物。不過彼時英國仍使用儒略曆；若用格里曆，則牛頓的生日為 1643 年 1 月 4 日，他不但不是耶誕禮物，而且連生年也延後一年。不知道是否有人問過大科學家牛頓，對新舊曆法之爭有何看法？

帝俄於 1917 年 10 月發生革命，成為蘇聯，「十月革命」是蘇聯的里程碑。革命項目之一就是在 1918 年改用格里曆，若依照格里曆，革命是發生在 11 月的。用了格里曆，併入了主流，參加奧運，這次俄國應該不會遲到了。

原載《科學人》2012 年 3 月號

曹亮吉

臺大數學系退休教授

重差即比例常數

重差術出於劉徽原置於《九章算術》內有關勾股如何用於測量的專章，在唐初選定算經十書時，才由《九章》分出，單成一部《海島算經》，重差術的方法可由下例來說明[1]：

今有望海島，立兩表，齊高三丈，前後相去千步，令後表與前表參相直。從前表卻行一百二十三步，人目著地，取望島峰，與表末參合。從後表卻行一百二十七步，人目著地，取望島峰，亦與表末參合。問島高及去表各幾何？答曰：島高四里五十五步，去表一百二里一百五十步。術曰：以表高乘表間為實，相多為法除之，所得加表高，即得島高。求前表去島遠近者，以前表卻行乘表間為實，相多為法除之，得島去表數。

如圖 12，E, F 是人目，$\overline{CD} = \overline{AB} = h = 3$ 丈 $= 5$ 步是表高，$\overline{BD} = 1000$ 步是兩表間距，$\overline{BE} = 123$ 步，$\overline{DF} = 127$ 步，$\overline{PQ} = y$ 是島峰之高，$\overline{QB} = x$ 是前表到海島 Q 的距離。

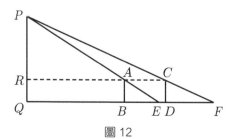

圖 12

利用兩個直角三角形 PQE 和 PQF，可以立下聯立方程式：

$$\begin{cases} \dfrac{y}{x+\overline{BE}} = \dfrac{h}{\overline{BE}} \\[3mm] \dfrac{y}{x+\overline{BD}+\overline{DF}} = \dfrac{h}{\overline{DF}} \end{cases} \tag{1}$$

式中 h 是立竿的高度，$h=\overline{CD}=\overline{AB}$，由此解出 x 和 y。

解法如下：

將兩式相比消去 y, h，而解出

$$x = \frac{\overline{BD}\times\overline{BE}}{\overline{DF}-\overline{BE}}$$

因為

$$y = h(\frac{x}{\overline{BE}}+1)$$

將 x 值代入得 $y = \dfrac{\overline{BD}\times h}{\overline{DF}-\overline{BE}}+h$，此即《海島算經》所言：

> 術曰：以表高乘表間為實，相多為法除之，所得加表高，即為島高。求前表去島遠近者，以前表卻行乘表間為實，相多為法除之，得島去表數。

現在，我們要從另一個角度來看同樣的問題。為了方便說明，將圖 12 中的 P 點想成是一個點光源，$\overline{DF}$ 和 $\overline{BE}$ 分別是立竿的竿影，我們要問：

影長 s $(=\overline{DF})$ 如何隨立竿到 Q 點的距離 d $(=\overline{QD})$ 而變化？

如圖 13：

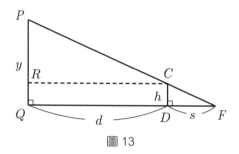

圖 13

由於 $\triangle PRC$ 和 $\triangle CDF$ 相似，所以

$$\frac{s}{d} = \frac{s}{\overline{RC}} = \frac{h}{\overline{PR}} = \frac{h}{\overline{PQ} - \overline{RQ}} = \frac{h}{y - h}$$

亦即 $\dfrac{s}{d}$ 是一個常數 $\dfrac{h}{y-h}$，s 和 d 成正比。

　　當 s 和 d 成正比時，如果要求其比例常數，可以再立一根竿子，如圖 12 所示，令竿距 $\overline{QB}$ 為 d'，影長 $\overline{BE}$ 為 s'，則

$$\frac{s}{d} = \frac{s'}{d'} = \frac{s - s'}{d - d'}$$

「重差」$\dfrac{s - s'}{d - d'}$ 即為比例常數。

我們將原題的數據代入（見圖 12）：

$$s = \overline{DF} = 127, \ s' = \overline{BE} = 123$$
$$s - s' = 127 - 123 = 4$$
$$\overline{BD} = d - d' = 1000$$

所以

$$\frac{s}{d} = \frac{4}{1000} = \frac{1}{250}$$

或

$$d = 250s$$

而

$$\frac{h}{y-h} = \frac{1}{250}$$

$h = 3$ 丈 $= 5$ 步。因此,

島去前表數 $= x = 250 \times 123 = 30750$ 步 $= 102$ 里又 150 步

島高 $= y = 250 \times 5 + 5 = 1255$ 步 $= 4$ 里又 55 步

顯然比原文的計算公式(術曰)容易理解[2]。

腳註

[1] 中國古代的單位,1 步等於 6 尺,1 丈等於 10 尺,1 尺等於 10 寸,1 里等於 300 步。

[2] 請參考李繼閔,《九章算術及其劉徽注研究》頁 428,九章出版社。

延伸閱讀 11.1

為什麼不是圓?

　　1609 年, 克卜勒出版《新天文學》, 提出行星繞太陽運行的橢圓律: 行星繞日的軌道是橢圓, 太陽位居橢圓的一個焦點; 以及面積律: 行星與太陽的連線段在等長的時間內掃過等同的面積。1618 年, 克卜勒又出版《世界的和諧》並提出週期律: 行星繞太陽一周所需的時間 T 和行星軌道的半長軸 a, 滿足 $\dfrac{a^3}{T^2}$ 為定值, 與個別行星無關。

　　在克卜勒提出三大行星運動定律近 70 年之後, 牛頓於 1687 年出版《自然哲學的數學原理》, 詳細說明了如何以數學論證, 從三大行星運動定律得出萬有引力定律。在牛頓徹底解答三大行星運動定律的物理意涵之前, 許多人都好奇提問:「為什麼是橢圓?」或者說:「為什麼不是圓?」

　　如果是圓, 前述的橢圓律就變成了: 行星繞日的軌道是圓, 太陽位居圓心。這個現象雖然與事實不符, 但是不妨做為下文的出發點, 看看能夠得出什麼結論。

　　不難看出, 若行星繞日是圓周運動的情形, 面積律等同於行星以等速率運動, 因為唯有如此, 才能在等長的時間內掃過等同的面積。等速圓周運動是平面運動中最完美的運動。在克卜勒發現橢圓律之前, 許多人都相信, 以地球為中心所觀察的行星運動是由若干個等速圓周運動疊加而成。因此, 假設行星以等速圓周運動繞行太陽, 並非大逆不道。

　　下面這兩個圖是了解等速圓周運動的關鍵：左圖表示圓周運動的半徑為 R，速度 v 和半徑垂直。右圖表示各位置的等速度也自成一半徑為 v 的圓，而加速度 a 又和 v 垂直，這表示加速度 a 指向圓心 O，因此是向心加速度。

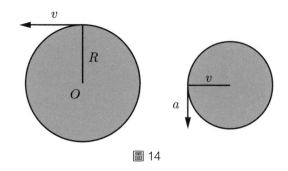

圖 14

　　由於位置的變化率是 v，而繞行一圈所需的時間是 T，因此在左圖中，有 $v = \dfrac{2\pi R}{T} \cdots\cdots (1)$

　　又因為 R 在繞行一圈時，v 也繞行一圈，並且速度 v 的變化率是加速度 a，因此在右圖中，也有 $a = \dfrac{2\pi v}{T} \cdots\cdots (2)$

　　將(1)、(2)兩式相比，得到 $\dfrac{v}{a} = \dfrac{R}{v}$ 或 $a = \dfrac{v^2}{R}$。這就是有名的等速圓周運動加速度公式，它基本上說明了 a 之於 v，猶如 v 之於 R；上圖中 R 與 v 所成的直角三角形，和 v 與 a 所成的直角三角形相似。

　　接著再將加速度公式連繫到週期律：$\dfrac{R^3}{T^2}$ 是常數；假設這個常數是 C，並且將 v 重寫成 $\dfrac{2\pi R}{T}$，代入 a 的表示式：

$$a = \frac{v^2}{R} = \frac{4\pi^2 R^2}{RT^2} = \frac{4\pi^2 R^3}{T^2 R^2} = \frac{4\pi^2 C}{R^2}$$

亦即向心加速度 a 和半徑 R 的平方成反比，反比常數是 $4\pi^2 C$，這就是向心力的平方反比意涵。

在克卜勒的時代，太陽系只有六大行星，因此上述公式中的 R 為六個半徑。若要從這六個半徑的平方反比現象推得「萬有引力定律」，可謂「大膽的假設」，離真相有一大段距離。然而行星繞日畢竟不是圓周運動，行星在軌道上更非等速前進。上述向心加速度的論證雖然簡潔巧妙，但是一開始的假設就是錯的，就數學來說，只能算是一個啟發式證明 (heuristic argument)。

一般來說，啟發式證明的最大瑕疵在於論證過程不夠嚴謹。它一方面可能做了過多的假設，而另一方面又在論證時做了一些跳躍。但是如果真的從橢圓運動（而非圓周運動）出發，橢圓的幾何性質勢必扮演重要的角色，所以牛頓必須長篇累牘撰寫《自然哲學的數學原理》，植基於橢圓運動而推得引力的平方反比定律。不過這麼一來，牛頓的論證又變得晦澀難懂，許多物理教科書只好採取上述的啟發式證明，至少能讓學生體會平方反比定律的出現並非空穴來風。

原載《科學人》2009 年 1 月號

航海時計算恆星經度差

在航海時，夜間觀察北極星的方位可以了解船所在的緯度，但是無法直接了解船所在的經度。了解經度的方法是攜帶一個標示格林威治時間的鐘，和在每一個時間表列恆星對格林威治的經度差。所謂經度差，乃是指恆星與天北極決定的子午線和格林威治與天北極決定的子午線，兩個子午線的經度差。因此如果在海上能夠計算船和特定恆星的經度差，再透過當時格林威治時間和查表了解該恆星與格林威治的經度差，就可以知道船與格林威治的經度差，此即船所在的經度。以下我們假定恆星即太陽，在當地（或船）已測得太陽的仰角及方位角，利用坐標幾何來求當地（或船）和太陽的經度差。

假設我們在臺北（位於北緯 25 度）的某個未知時刻，觀察到太陽的仰角 θ 與方位角 φ。

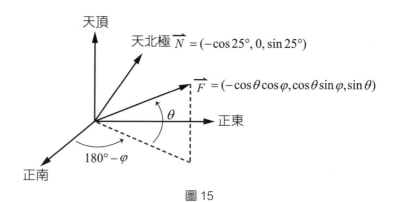

圖 15

以臺北地平面的天頂為 z 軸方向，正南方為 x 軸方向，則 y 軸方向即為臺北的正東，如此便可得到指向北極星的方向向量天北極 $\vec{N} = (-\cos 25°,\ 0,\ \sin 25°)$，此時太陽光照射的方向向量（仰角為 θ，方位角 φ 的起算點為正北方向，順時鐘，故若太陽在正東，$\varphi = 90°$）$\vec{F} = (-\cos\theta\cos\varphi,\ \cos\theta\sin\varphi,\ \sin\theta)$，假如在這時刻太陽與天北極所構成的大圓為平面 E_1，則 E_1 的法向量即為

$$\vec{N} \times \vec{F} = (-\sin 25°\cos\theta\sin\varphi,$$
$$-\sin 25°\cos\theta\cos\varphi + \cos 25°\sin\theta,\ -\cos 25°\cos\theta\sin\varphi)$$

而臺北同經度的地區所構成的大圓若為平面 E_2，則 E_2 的法向量即為 y 軸方向 $(0,\ 1,\ 0)$，此兩法向量間的夾角算出來即為 E_1 和 E_2 兩平面的夾角，也就是我們想計算的經度差。

以 2014 年夏至為例，在臺北下午五點觀測太陽方位，此時太陽仰角 21.6 度，方位角 286.7 度。

太陽 $\vec{F} = (-\cos 21.6°\cos 286.7°,\ \cos 21.6°\sin 286.7°,\ \sin 21.6°)$

$$\vec{N} \times \vec{F} = (-\sin 25°\cos 21.6°\sin 286.7°,$$
$$-\sin 25°\cos 21.6°\cos 286.7° + \cos 25°\sin 21.6°,$$
$$-\cos 25°\cos 21.6°\sin 286.7°)$$

$$\left|\vec{N} \times \vec{F}\right| = \left|\vec{N}\right|\left|\vec{F}\right|\sin(\vec{N}\ \text{和}\ \vec{F}\ \text{所夾的角度}) = 1 \times 1 \times \sin(90° - 23.5°)$$

$$\frac{(\vec{N} \times \vec{F}) \cdot (0,\ 1,\ 0)}{\left|\vec{N} \times \vec{F}\right|} = \frac{-\sin 25°\cos 21.6°\cos 286.7° + \cos 25°\sin 21.6°}{\sin 66.5°}$$

$$= \frac{-0.1129 + 0.3336}{0.917} = 0.2407$$

$$= \cos(\text{兩平面法向量夾角}) = \cos(\text{兩平面的夾角})$$

利用反三角函數可查出兩平面夾角為 76.07 度。

下面列出一些習題：

1. 夏至這天在臺北（位於北緯 25 度）早上七點整時觀測太陽方位，此時太陽仰角 23.5 度，方位角 74.0 度，試算出此時太陽與臺北的經度差。

73.88 度

2. 夏至這天在臺北（位於北緯 25 度）早上八點整時觀測太陽方位，此時太陽仰角 36.7 度，方位角 78.5 度，試算出此時太陽與臺北的經度差。

58.87 度

3. 夏至這天在臺北（位於北緯 25 度）早上九點整時觀測太陽方位，此時太陽仰角 50.1 度，方位角 82.8 度，試算出此時太陽與臺北的經度差。

43.85 度

4. 夏至這天在臺北（位於北緯 25 度）早上十點整時觀測太陽方位，此時太陽仰角 63.6 度，方位角 87.4 度，試算出此時太陽與臺北的經度差。

28.84 度

5. 夏至這天在臺北（位於北緯 25 度）下午兩點整時觀測太陽方位，此時太陽仰角 61.7 度，方位角 273.3 度，試算出此時太陽與臺北的經度差。

30.94 度

6. 夏至這天在臺北（位於北緯 25 度）下午三點整時觀測太陽方位，此時太陽仰角 48.2 度，方位角 277.8 度，試算出此時太陽與臺北的經度差。

45.97 度

7. 夏至這天在臺北（位於北緯 25 度）下午四點整時觀測太陽方位，此時太陽仰角 34.8 度，方位角 282.1 度，試算出此時太陽與臺北的經度差。

61.00 度

數據參考中華民國 104 年交通部中央氣象局出版天文日曆

附錄 3.1　觀象授時——中國古代的渾儀

您有多久沒抬頭看看天上的星空,特別是在沒有光害地方的夜晚,徜徉在浩瀚無垠的星空裡, 好奇地探究寧靜的宇宙? 這樣浩瀚的星空也同樣吸引古人的目光,這樣的斗轉星移也同樣感動著古人,然而這感動有著更深層的意義。當人類從狩獵採集生活進入到農業社會的時候, 觀測天象與掌握天文知識的能力, 成了一個必要條件。

天文學對於農業社會的作用在於觀象授時,古人觀測到日月星辰的天象規律運動和時間的關係,並將之表現在曆書(農民曆)上,農民據以得知時令的變化和準確的農時, 知道什麼時候準備播種、多久以後又要準備收割。因此, 在政治上, 統治者有義務要制訂一部準確的曆書, 做為人民作息生活的參考,然而統治者也常因政權的需要限定了曆法研究, 或假借天象之名以合理化其統治和某些決策, 故其對天象的觀測不容有所失誤, 由此可見觀象授時的重要性。

元代科學家郭守敬(1231～1316), 在制訂授時曆的時候曾說:「曆之本在於測驗, 而測驗之器莫先儀表。」意思是說制訂曆法的根本要素, 在於天文量測, 而最重要的量測工具就是圭表和渾儀。圭表是制訂曆法過程中最重要的測景儀器, 可以用於方向、時間、節氣以及回歸年長度的量測;渾儀則是用於測定日月星辰等天體之球面坐標的工具, 它由幾個同心圓環組以及中空的窺管所構成, 等於是少了鏡片的天文望遠鏡。

歷史上的渾儀

比起渾儀,一般人恐怕對於「渾天儀」這個名詞更為熟悉,渾儀

其實就是渾天儀的簡稱，專指中國古代具有許多同心圓環組的天文觀測儀器。不過在古代「渾儀」或「渾天儀」也用來指稱另一種東西：「渾象」，它是個球形的儀器，用來演示天體在天球上視運動及推算黃、赤道坐標差，相當於現在的天球儀。例如，最早載明「渾天儀」一詞的《後漢書·張衡傳》中記載：安帝（107～125 年在位）時，張衡（78～139 年）為太史令，「妙盡璿機之正，作渾天儀，著《靈憲》。」而張衡所製渾天儀的構造和使用方法，根據史書的描述和古今文獻的論述，應當是用以演示天球星體運動的渾象，而非渾儀。直至北宋，才由沈括（1031～1095 年）明確將「渾儀」和「渾象」這兩個名詞分開。

那麼，最早的渾儀是何時出現的？由於相關的早期記載比較含混，至今尚無結論，但因中國的渾儀和渾象當是以渾天說❶為理論基礎發展出來的天文儀器，一般認為應是漢代的事。

中國渾儀的構造設計除了和渾天說有關外，與天球坐標體系的運用也有著密切的關係。中國古代天文學主要採用赤道坐標系，其坐標分量是「入宿度」和「去極度」。至少在春秋戰國時期，就已經以分布在天球赤道帶和黃道帶附近的 28 宿做為劃分星空區域的依據。古人就在每一宿中選定一顆較明亮的星，做為測星的標準，稱為這個宿的「距星」。某一宿的距星與下一宿距星的赤經差，叫做該宿的「赤道距度」，簡稱距度，以做為天球赤道經度的分度標記。所謂「入宿度」就是被測天體與它西側相鄰一宿距星的赤經差，以「入何宿幾度」來表示，例如「織女星入斗五度」則表示織女星在斗宿中，距離斗宿距星的赤經為五度。而去極度則是指被測天體與北天極的距離，它就是現代天文學中赤緯的餘角（例如現代北緯 10 度的地方，去極度就是 80 度）。

圖 3.1-1
南京紫金山天文台所保存的明代渾儀，在天常環
面刻有一天的時刻，赤道環面上則刻有 28 宿距
度（下方插圖）。

　　要特別說明的是，中國古代天文學上的周天分度為 365.25 度，而
非 360 度，這是以太陽「日行一度」為依據；春秋後期的四分曆已將
回歸年定為 365.25 日，因此，後來的渾儀各環的圓周均等分 365.25 份
做為量測天體的周大度數，直到清初時憲曆（1645 年），才改用西法
的 360 分度。

　　最原始的渾儀構造在目前的史料上並沒有記載，主要應當是由赤
道環和赤經環兩個圓環組成的赤道坐標式測量器。而史書上有具體構
造描述的第一架多環渾儀，則是由東晉時期前趙的史官丞孔挺於光初

六年（323 年）所造的渾天銅儀❷。這架孔挺渾儀是由「六合儀❸」和「四遊儀❹」所組合的兩重渾儀，也是測量天體赤道坐標所需的最簡單的構造，後來的渾儀就是在這基礎上不斷改進的結果。北魏永興四年（412 年）晁崇、斛蘭用鐵鑄渾儀，就是在孔挺渾儀的構造基礎上，於基座上增加了十字水趺，用來校正儀器的水平。

然而，由於天球的周日轉動（恆星的周日視運動軌道皆平行於赤道面），28 宿和黃道、白道等在天穹上的位置會不斷變化。唐貞觀七年（667 年），通曉天文星象的李淳風為了適應這種變化，對渾儀進行了重大改造。他將其改成三重的構造，即在六合儀和四遊儀之間，再安裝一重能隨天球運轉方向運轉的三辰儀❺，製成一架黃道渾儀，它不但解決難以對準黃道的問題，又可以直接測得天體的入宿度，奠立了中國渾儀三重構造的基本形制。

李淳風設計的三辰儀起初是由赤道環、黃道環和白道環結合而成，然而由於月亮視運動軌道非常複雜，故有「月行九道」的說法，因此白道環每經過一個交點月，必須把與黃道的交點向西退一個孔位，以符合月亮實際的軌道，使用時很不方便。後來人們已能利用數學計算得到赤道、黃道和白道三種坐標間的互換，因此自宋代後，除了皇祐渾儀外，皆省略了白道環，主要由三辰儀雙環搭配赤道、黃道兩環。

中國渾儀的製造於北宋達到高峰，並趨於完善，先後於至道元年（995 年）韓顯符在渾儀測驗所、皇祐三年（1051 年）周琮等在翰林院天文台、熙寧七年（1074 年）沈括在太史局、元祐七年（1092 年）蘇頌在合台等四個天文台，共製造了四架大型渾儀，可以相互比較觀測的結果。

唐宋時代的三重儀有多個同心圓環，形成一個巨大的天球赤道坐標裝置，三辰儀可繞著極軸在六合儀裡旋轉；而觀測用的四遊儀又可

在三辰儀裡旋轉，用以測定恆星的赤道經度和赤道緯度，從而確定恆星在天球上的位置，並以此為參考，觀測日月五星的運行，測得天體的去極度、入宿度、昏旦夜半中星以及黃道精度差等，做為推算曆法和五星運行位置的依據。

　　對於用來測量的渾儀，其安裝位置的校正也是一件重要的基本工作，除了以十字水跌來校正基座的水平外，自北宋的皇祐渾儀開始，在六合儀的地平單環上也開有凹槽，槽內注水，用以調整儀器的水平。再者，校正渾儀的極軸方向也是一件重要的事情，因渾儀所放置地方的緯度不同，則必須調整極軸方向，與實際天球的極軸重合。在唐代之前已利用渾儀極軸兩端的圓孔觀測北極星的周日運動，來校正渾儀的極軸方向，沈括渾儀更做到將極軸孔中心調整到北極星軌道的中心點上，達到更好的校正精度；後來郭守敬則在簡儀中創造了專門的候極儀裝置。

由簡到繁，再化繁為簡

　　中國的渾儀構造自孔挺渾儀以來，隨著古人對日、月運動規律的逐漸認識，渾儀上的圓環也越來越多。從二重演變成三重這樣由簡而繁的發展過程，每一項改進都代表著古人在天體運動規律認識方面的進步。但是這些改進卻也產生了一些缺點，尤其是環越多，被遮蔽的天區也就越大，影響對某些天體的觀測，特別是黃、赤道附近的天區。

　　因此，沈括在《渾儀議》中談到白道環無法顯示月亮的實際位置又不實用，故倡議取消白道環，開放黃、赤道附近的天區。元代的郭守敬的簡儀，首先把渾儀分解成赤道經緯儀和地平經緯儀兩件儀器，更有效地解決了渾儀圓環遮蔽天空的問題。從南京紫金山天文台保存的明代渾儀和簡儀，可以知道明代的渾儀仍承襲宋元的發展脈絡。而清朝的測天儀器幾乎皆已歐化，並將一台多功能的渾儀分解成多台單

一功能的天文儀器，且彼此可以互相參照校正。

　　如今，天文觀測已是巨型天文望遠鏡的工作，然而，渾儀的赤道坐標系仍是現代天文學最重要和基本的坐標系統。而中國歷代的渾儀都是具有高度的科學性和藝術性創作，不僅能滿足當時觀象授時和制訂曆書的需求，如今也都是人類重要的科學文化遺產。特別是筆者在復原北宋蘇頌渾儀的過程中，宛如在進行一場古今的對話。透過天常環的刻度撫摸到時間的跳動，撥弄三辰儀的旋轉感受到天地的轉動，當我用窺管在靜謐的宇宙中尋找那顆亙古而熟悉的織女星時，我似乎在那悠遠的歲月長河裡聽到蘇頌唱著「織女星入斗五度……」。

腳註

❶ 渾天說是中國古代人對於宇宙的一種看法，認為天就像是一個雞蛋殼，天上的日月繁星都是鑲嵌在蛋殼上，黃道、天赤道也是位於其上，而人們則是站在「蛋黃」上觀測這些天象。渾天說的代表就是張衡的《張衡渾儀注》曰：「渾天如雞子。天體圓如彈丸，地如雞子中黃，孤居於天內，天大而地小。」渾儀、渾象的製作也是以此學說為本。

❷ 東晉孔挺所製的渾天銅儀有兩層圈環，外層由固定的地平單環、赤道單環和子午雙環組成，後稱為六合儀。其中，地平單環面上刻有方位，赤道單環面上刻有周天度數，故可用來測量天體的地平方位角和入宿度的坐標。子午雙環之間相距三寸，在南北兩天極處各以一個具圓軸孔的構件相連接，兩孔心的連線相當於天球的極軸。

內層則由四遊雙環及窺管（衡）組成，四遊雙環是有一內徑八尺的平行雙圓環，環上刻有周天度數的雙規，即為赤經環。其安裝在通過子午雙環的南北兩極的樞軸上，可以繞此極軸隨意轉動。雙環之間夾有一「衡」，是一根八尺長的中空窺天方管，可以繞雙規中心在其雙環之間南北方向旋轉。

測量時，先東西轉動四遊環，讓其與天體的赤經線重合；再南北轉動窺管，讓天體落在窺管中心，則可從四遊環讀取天體的去極度，再從外層赤道環讀取天體的入宿度。

子午雙環

窺管
（衡）

北天極

四遊雙環

地平
單環

南天極

赤道
單環

圖 3.1–2

❸　最外一層圓環的總稱，是由南北向的子午雙環、平行於赤道面的天常單環，
以及代表地平的地平單環組成，與四極的龍柱和中央的鰲雲柱結合，固定在
十字水趺的基座上，成為整個儀器的骨架。因它可以代表東、西、南、北和
上、下六個方位，故稱六合儀。它是可以用來標示地平坐標系的地平高度和
方位，以及一天時刻的一組標準儀器。

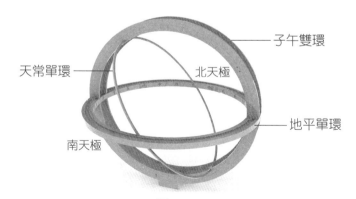

子午雙環

天常單環

北天極

地平單環

南天極

圖 3.1–3

子午雙環

垂直於水平面，是由兩個平行的環組成，兩環在天球南北極處相接，並留有圓孔，以便安裝三辰儀、四遊儀的轉軸。環兩面都刻有周天度數（365.25度），可以標出地平高度。子午雙環自古名稱改變多次，計有外雙規、六合環、陽經雙規、天經雙環等。

地平單環

環面上開有平水溝，以保持與地面平行，並用來標示方位，即八干：甲、乙、丙、丁、庚、辛、壬、癸；四維：乾（西北）、坤（西南）、巽（東南）、艮（東北）；十二辰位：子（正北）、丑、寅、卯（正東）、辰、巳、午（正南）、未、申、酉（正西）、戌、亥。地平單環亦更名多次，計有單橫規、金渾緯規、陰渾單環、陰渾、地盤平準等。

天常單環

固定在子午和地平環內邊，其安裝方位與天赤道重合，在環的側面刻著 12 時辰與百刻（古人將一天分成百刻）的一天時間刻度。早期的渾儀，時間分化單位是刻在地平環上的，從北宋的皇祐渾儀起，才取消了地平環上的時刻，只刻在固定的赤道環上，就相當於現代赤道式儀器中的時盤。

❹ 安裝在三辰儀內的第三重（最裡重）環組。由四遊儀雙環、窺管、直距組成。因雙環可帶動其上的窺管四方遊動，遍察全天空任一部位星宿而得名。並以六合儀的地平坐標系和三辰儀的赤道坐標系為參照，以觀測日月五星的運行。窺管是以四遊儀雙環上的直距來夾持，繞著天球球心任意轉動，又有玉衡、橫簫、衡、望筒等名稱。

圖 3.1–4

❺　三辰儀代表「天球」，主要以三辰儀雙環、赤道單環、黃道雙環組成。它安裝在六合儀內，可繞極軸東西旋轉，據以對準天球上的 28 宿、黃道與赤道，用以標示出實際天球上的坐標系統。

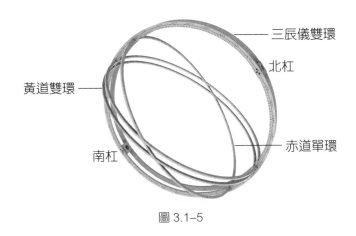

圖 3.1–5

三辰儀雙環

三辰儀最外一環是雙環，它以南杠、北杠兩處，裝在六合儀子午雙環的南北極軸上，兩環面都刻有 365.25 度的度數。黃道雙環與赤道單環則按黃、赤交角 23 度多的方向，放在三辰儀雙環內，因此，三辰儀可以依靠外雙環的南北極軸，讓黃、赤道兩環同步繞極軸旋轉。

赤道單環

固定在三辰儀雙環內，外側正與六合儀天常單環相對，環北面分列 28 宿周天之度，此「28 宿距度」便是渾儀赤道坐標系的經度坐標，與天常單環上的時間刻度相對，可以直接觀測出各星宿出現在某固定方位的時間。環內並且列了一年 24 個節氣、64 卦；環外列 72 侯。24 節氣的位置與北側刻的 28 宿的位置相對應，人們便可一眼看出各個節氣的中星是何宿，更便於以觀測驗證其精確與否。

黃道雙環

連接在三辰儀外側雙環上，環面列周天之度，與赤道單環夾角 23 度多，並相交於東西兩點：西交點為春分點，東交點為秋分點。在蘇頌之前是用黃道單環來對準太陽，以窺管觀測時太陽會被單環遮掉一半；改用黃道雙環後，窺管可於雙環間沿環面轉動，能看到整個太陽在雙環間做周天運動。

八卦與侯

在三辰儀的赤道單環內側所刻著的 64 個卦象，是由八卦演化而來。正因為八卦是中國古代哲學體系的主要內涵，所以古代天文學家便不可避免地要利用它來解釋天象。而當八卦被利用來占卜定吉凶時，又常利用太陽的位置（即所謂的黃道吉日），而太陽的位置便決定了節氣的劃分。

赤道單環的外側列有 72 侯，物候是根據動、植物或其他自然現象變化的症候，中國古代以五日為一侯，一月六侯，共 72 侯，可說明節氣的變化，做為農事活動的依據。

剖析渾儀

唐代李淳風的黃道渾儀是在孔挺渾儀之六合儀和四遊儀的二重環間，再安裝一重三辰儀，能夠在實際的天球上直接顯示「天球坐標系」，方便測量與記錄天體的坐標，建立了中國渾儀三重構造的基本形制。北宋的蘇頌又在三辰儀上加裝一天運環（球體左下以南天極為中心的小環），利用一臺水力機械鐘來驅動（請參見《科學人》2002 年 11 月號〈畫說水運儀象台〉），使三辰儀能與天球同步繞極軸東西旋轉，可自動追蹤恆星的運行、觀察天體的運動軌跡。更巧妙之處是蘇頌還結合了圭表，將渾儀與圭表這兩個在制訂曆法過程中最重要的天文觀測儀器成功組合在一起，每逢正午可與圭表配合以校正時間，是中國渾儀發展臻至成熟的標誌。

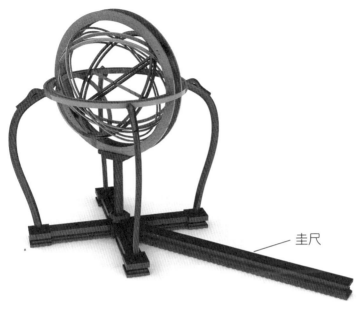

圭尺

圖 3.1–6

圭表

圭表是制訂曆法過程中最重要的測景儀器，是由垂直於地平面的「表」，和與地面南北方向平行的「圭」組成，圭面上刻有尺數，主要是對於太陽的觀測，利用表影的長度和方位，可以用於方向、時間、節氣、及回歸年長度的量測。蘇頌的渾儀則巧妙地用窺管取代「表」，將正午的陽光透過窺管直接照射在圭面上，這和傳統圭表的測量表影尺度不同，可以提高測量精度。

原載《科學人》2010 年 1 月號

林聰益

南臺科技大學機械工程系教授

劉徽從《周髀算經》中的「勾之損益寸千里」悟出並發展了「重差術」（詳第 5 章及延伸閱讀 5.1），記錄在《海島算經》中。《海島算經》共有九個應用重差術的「測量」題目，在此我們引用第一和第二題，並提供第一題的詳解。

㈠ 今有望海島，立兩表，齊高三丈，前後相去千步，令後表與前表參相直。從前表卻行一百二十三步，人目著地取望島峰，與表末參合。從後表卻行一百二十七步，人目著地取望島峰，亦與表末參合。問島高及去表各幾何？

　　答曰：島高四里五十五步。去表一百二里一百五十步。

　　術曰：以表高乘表間為實；相多為法，除之。所得加表高，即得島高。求前表去島遠近者，以前表卻行乘表間為實。相多為法。除之，得島去表數。

解：（符號同第 5 章）

h = 表高 = 3 丈 = 30 尺 = 5 步

$d_1 - d_2$ = 表間 = 1000 步

$s_1 - s_2$ = 相多 = 127 - 123 = 4 步

$$\frac{s_1 - s_2}{d_1 - d_2} = \frac{4}{1000} = \frac{1}{250} = \frac{s}{d}$$

前表去島遠近 = $123 \times 250 = 123 \times \dfrac{d_1 - d_2}{s_1 - s_2} = 30750$ 步

30750 步 ÷ 300 = 102 里 ······ 150 步

㈡ 今有望松生山上，不知高下。立兩表，齊高兩丈，前後相去五十步，令後表與前表參相直。從前表卻行七步四尺，薄地遙望松末，與表端參合。又望松本，入表二尺八寸。復從後表卻行八步五尺，薄地遙望松末，亦與表端參合。問松高及山去表各幾何？

答曰：松高一十二丈二尺八寸。山去表一里二十八步七分步之四。

術曰：以入表乘表間為實。相多為法，除之。加入表，即得松高。求表去山遠近者，置表間，以前表卻行乘之，為實。相多為法。除之，得山去表。

附錄 5.2　日晷的刻度

　　在臺東的國立臺灣史前文化博物館，館前的太陽廣場豎立著一座巨大的裝置藝術，這個裝置藝術不僅僅只有裝飾作用，它還可以讓遊客根據太陽在其上所產生的影子判斷當時時間，事實上，這個乍看之下有點像一個奇怪時鐘的作品其實是一個改良過的赤道式日晷（見圖5.2–1）。

圖 5.2–1
圖片來源: 見腳註❶

　　想知道何謂赤道式日晷，首先想像我們站在正北極，並且在地上垂直插一根竹竿當作晷針，將北極的地平面當作晷面，在看得到太陽的情況下，因為地球的自轉軸與北極的地平面垂直，如果持續一段時間觀察太陽照射竹竿產生的影子，將會發現影子的角度每個小時順時鐘旋轉 15 度，這是因為影子的角度源自於太陽繞地軸（竹竿）的旋轉，每 24 小時改變 360°。

　　由於北極地平面與赤道平行，因此將這種日晷命名為赤道式日晷。將北極的這個日晷整個平行搬到北緯 22°45′42″ 的臺東，因此晷針與臺東地平面的夾角也會是 22°45′42″，將晷針垂直投影在臺東地平面上的影子，即為臺東的南北方向，也就是正午時的晷影方向。

　　臺東的這個日晷做成兩面且皆有刻度，原因是因為從春分經過夏至到秋分時，太陽直射的地區從赤道經過北緯 23.5° 再回到赤道，晷影只會在晷面上方跟在北極時一樣的北面上顯示；而正當春、秋分時，太陽直射赤道，太陽光方向與晷面平行，是一年中晷影最長的時候；從秋分經過冬至再回到春分，晷影同理只會在晷面下方的南面上顯示，實際上此時在北極地平面的日晷已看不到晷影了，也可以想像成是由南極地平面的日晷平行挪過來與北極的挪過來相貼合，晷影所在方向並沒有改變，差別只是顯示在日晷南北的兩面而已。

　　一般的赤道式日晷會將晷針設在圓形晷面的圓心位置，看起來就像個時鐘一樣，但史前博物館的日晷的設計略有不同，它將圓形盤面的圓心位置稍微往正午晷影方向挪動一點，使得乍看之下刻度越接近正午會顯得間距較大，但事實上將刻度用直線畫出來後仍舊都會交於晷針底部且角度間隔還是原本的 15 度，與一般赤道式日晷的原理還是一樣的。

圖 5.2-2

　　但是在臺北（北緯 25°）228 和平紀念公園内，位於國立臺灣博物館後方的日晷儀，晷面就很明顯與赤道式日晷不同，是與地平面平行而不是跟地面夾 65°，晷針也不是只有細細的一根針而是一個豎立著的三角板，每一小時晷影之間相差的角度就不是相等的，越接近正午晷影移動得越慢，使得刻度之間越密集，這種日晷由於晷面與地面平行，因此稱作水平式日晷（見圖 5.2-2）。

　　水平式日晷的刻度可直接使用實測的方式作出，也可以根據赤道式日晷的刻度推算得出。我們先做出位於北極與臺北時間相對應的赤道式日晷，假設天北極為 z 軸（晷針方向），太陽直射臺北所在子午線時的晷影方向定為 y 軸，則正 x 軸即為臺北傍晚 6 點時的晷影方向，負 x 軸為臺北早上 6 點的晷影方向（xy 平面與赤道平行）。晷針的方向取 z 軸單位向量 $\vec{z} = (0, 0, 1)$，令 $\vec{L}_t$ 為臺北 t 時赤道式日晷的晷影方

向，則：

$$\vec{L_t} = (\cos[180° - (t-6)\cdot 15°],\ \sin[180° - (t-6)\cdot 15°],\ 0)$$
$$= (-\cos[(t-6)\cdot 15°],\ \sin[(t-6)\cdot 15°],\ 0)$$

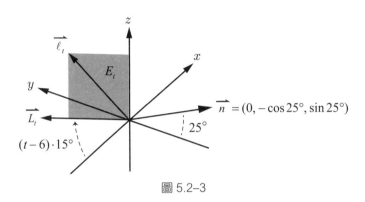

圖 5.2–3

　　將此系統整個平行搬到臺北，正 x 軸指向臺北地平面東方，此時臺北地平面（含 x 軸）會與 z 軸呈 25° 的夾角，且臺北地平面的法向量 $\vec{n} = (0,\ -\cos 25°,\ \sin 25°)$。同樣一根指向天北極的晷針將會在臺北的地平面上投影出新的晷影，令 $\vec{\ell_t}$ 為臺北 t 時水平式日晷晷影方向，由於 $\vec{\ell_t}$ 為太陽照射後的投影，所以 $\vec{\ell_t}$ 會與晷針和晷影 $\vec{L_t}$ 三向量共平面，令晷針和晷影所構成的平面 E_t，則 $\vec{\ell_t}$ 會與 E_t 平行，即 $\vec{\ell_t}$ 與 E_t 法向量垂直。E_t 的法向量可由 z 軸與 $\vec{L_t}$ 外積得到：

$$\vec{z} \times \vec{L_t} = \left(\begin{vmatrix} 0 & 1 \\ \sin[(t-6)\cdot 15°] & 0 \end{vmatrix},\ \begin{vmatrix} 1 & 0 \\ 0 & -\cos[(t-6)\cdot 15°] \end{vmatrix}, \right.$$
$$\left. \begin{vmatrix} 0 & 0 \\ -\cos[(t-6)\cdot 15°] & \sin[(t-6)\cdot 15°] \end{vmatrix} \right)$$
$$= (-\sin[(t-6)\cdot 15°],\ -\cos[(t-6)\cdot 15°],\ 0)$$

又 $\vec{\ell_t}$ 位於臺北地平面上，也與臺北地平面法向量垂直，可再藉由 E_t 的法向量與 $\vec{n}$ 外積找到 $\vec{\ell_t}$ 的方向，仍以 $\vec{\ell_t}$ 表：

$$\vec{\ell_t} = [\vec{z} \times \vec{L_t}] \times \vec{n}$$

$$= (\begin{vmatrix} -\cos[(t-6)\cdot 15°] & 0 \\ -\cos 25° & \sin 25° \end{vmatrix}, \begin{vmatrix} 0 & -\sin[(t-6)\cdot 15°] \\ \sin 25° & 0 \end{vmatrix},$$

$$\begin{vmatrix} -\sin[(t-6)\cdot 15°] & -\cos[(t-6)\cdot 15°] \\ 0 & -\cos 25° \end{vmatrix})$$

$$= (-\sin 25° \cos[(t-6)\cdot 15°],\ \sin 25° \sin[(t-6)\cdot 15°],$$

$$\cos 25° \sin[(t-6)\cdot 15°])$$

$$|\vec{\ell_t}| = \sqrt{\sin^2 25° \cos^2[(t-6)\cdot 15°] + \sin^2 25° \sin^2[(t-6)\cdot 15°] + \cos^2 25° \sin^2[(t-6)\cdot 15°]}$$

$$= \sqrt{\sin^2 25° \cos^2[(t-6)\cdot 15°] + \sin^2[(t-6)\cdot 15°]}$$

先計算出早上 6 點時，$\vec{\ell_6} = (-\sin 25°,\ 0,\ 0)$，對臺北地平面來說為指向正西方（太陽從東方昇起），若要計算其他從早上六點到正午之間每個小時的刻度，我們要先求出 $\vec{\ell_t}$ 和 $\vec{\ell_6}$ 的夾角 θ_t $(6 < t < 12)$，由於正午以後的刻度會與正午前的刻度對稱，因此不再另行計算。

$$\cos \theta_t = \frac{\vec{\ell_t} \cdot \vec{\ell_6}}{|\vec{\ell_t}| \cdot |\vec{\ell_6}|}$$

$$= \frac{\sin^2 25° \cos[(t-6)\cdot 15°]}{\sqrt{\sin^2 25° \cos^2[(t-6)\cdot 15°] + \sin^2[(t-6)\cdot 15°]} \cdot \sin 25°}$$

分子分母同除以 $\sin^2 25° \cos[(t-6)\cdot 15°]$ 後得：

$$\cos\theta_t = \dfrac{1}{\sqrt{1 + (\dfrac{\tan[(t-6)\cdot 15°]}{\sin 25°})^2}}$$

則

$$\theta_t = \cos^{-1}(\dfrac{1}{\sqrt{1 + (\dfrac{\tan[(t-6)\cdot 15°]}{\sin 25°})^2}}) = \tan^{-1}(\dfrac{\tan[(t-6)\cdot 15°]}{\sin 25°})$$

依此我們可以使用直尺和量角器在紙上簡單的畫出臺北水平式日晷晷線。

　　如圖 5.2–4，首先先在紙上畫出一條將紙平分的鉛直線，再畫出三條水平線 L_1、L_2、L_3，其中 L_1 交鉛直線段於 O'，L_2 交鉛直線段於 P_{12}，L_3 交鉛直線段於 O，並且讓 $\overline{O'P_{12}} : \overline{OP_{12}} = \sin 25° : 1$，接下來再以 O' 為中心在 L_1 和 L_2 之間畫出間隔 15° 的其他 10 條刻度，依序交 L_2 於 P_7、P_8、P_9、P_{10}、P_{11}、P_{13}、P_{14}、P_{15}、P_{16} 和 P_{17} 十點。最後再將 O 與前述的十點連線，包含原本的鉛直線與 L_3 即為臺北的水平式日晷的晷線刻度。此日晷晷針交此平面於 O 點，且與 $\overline{OP_{12}}$ 夾 25°，事實上如果把紙沿著 L_2 折起，讓 $\overline{OP_{12}}$ 與 $\overline{O'P_{12}}$ 夾 65° 的話，此時 $\overline{OO'}$ 即為晷針，而 L_1 和 L_2 之間的刻度便可當作赤道式日晷晷線（從南極的方向看）❷。

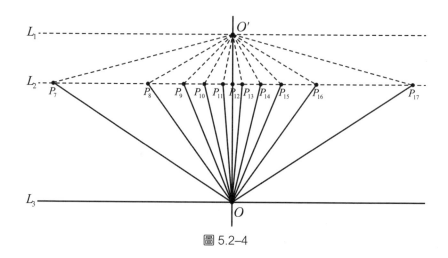

圖 5.2–4

　　以早上八點為例，$\overline{OP_8}$ 為此時的晷線刻度，與 L_3 的夾角即為 θ_8，假設以 $\overline{OP_{12}}$ 為 1 單位長，則 $\overline{O'P_{12}}$ 為 $\sin 25°$ 單位長，因為 $\overline{O'P_8}$ 和 L_1 夾 $30°$，因此 $\overline{P_8P_{12}}$ 長 $\dfrac{\sin 25°}{\tan 30°}$，則 $\tan\theta_8 = \dfrac{\overline{OP_{12}}}{\overline{P_8P_{12}}} = 1 / \dfrac{\sin 25°}{\tan 30°} = \dfrac{\tan 30°}{\sin 25°}$，如同我們之前所推導，$\theta_8 = \tan^{-1}(\dfrac{\tan 30°}{\sin 25°}) = $ 約 $53.8°$。

　　注意到不管什麼樣的日晷都需要校正表，晷線和太陽影子刻度仍會有些微差異，這樣的誤差稱為均時差。造成均時差的原因來自於地球繞太陽的軌道是橢圓形的，以及地球自轉軸與公轉軌道面之間的傾斜[3]。

✦ 腳註

❶ 感謝臺灣大學政治系施創譯（103 學年度建國中學公民科實習教師）提供。

❷ 參考邱紀良，《日晷百變》頁 33，國立清華大學出版社。

❸ 網路搜尋「維基百科　日晷」。

附錄 5.3 祖沖之測算冬至時刻

由於太陽距離地球很遠，射到地球的光線彼此平行。在這些平行的光線中，有一條通過地心，如圖 5.3–1，此一通過地心的光線與地表交點的緯度，稱為此刻太陽直射地球的緯度，記為 δ：

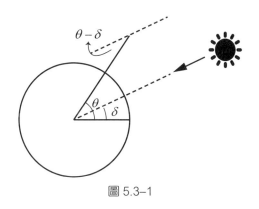

圖 5.3–1

δ 在南緯 23.5° 到北緯 23.5° 之間變化，周而復始。根據 δ 的變化，一年中四個最重要的節氣分別是春分（$\delta = 0°$，約在 3 月 21 日）、夏至（$\delta = 23.5°$，約在 6 月 21 日）、秋分（$\delta = 0°$，約在 9 月 23 日）和冬至（$\delta = -23.5°$，約在 12 月 22 日）。

假設北半球某地位在北緯 θ 度，東經 α 度（例如臺北位在 $\theta = 25°$，$\alpha = 121°$）。當太陽通過東經 α 度的瞬間，我們說太陽正通過該地的天頂，而將此一瞬間定為該地的正午時刻。古代中國便以測量晷長，即正午時地面所立竿子的影長來了解季節的變化。如圖 5.3–2，竿子的長度是 ℓ，則在正午時的竿影等於：

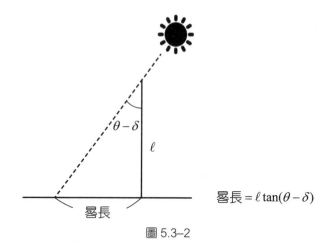

圖 5.3–2

　　如果所在地的北緯度數 θ 大於 23.5°，則夏至時晷長最短：$\ell\tan(\theta-23.5°)$，冬至時晷長最長：$\ell\tan(\theta+23.5°)$。回顧古代，中國是以冬至到冬至定為一年，稱為歲實，西方則以春分到春分定為一年，稱為回歸年。這兩個概念是等價的，但是對中國人來講，觀察晷長的最大值可能是一件比較方便的事，問題是：晷長的最大值 $\ell\tan(\theta+23.5°)$ 可能並不發生在該地的正午，亦即太陽直射南緯 23.5° 的瞬間可能並非該地的正午，比方說是該地的傍晚 6 點。如果該地是臺北，臺北的傍晚 6 點反而是埃及金字塔所在地的正午，因為金字塔位於東經 31°，和臺北（東經 121°）有 6 小時的時差。因此如果要了解回歸年的長度，首先必須在每一天的正午記錄竿影，並且理解從春天以後晷長是先遞增，過了冬至以後再遞減。如下圖的紀錄：

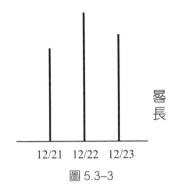

圖 5.3–3

大概到了冬至來臨的 12 月 22 日前後，晷長會到達最長然後再變短，這就是古書《周髀》所說：

於是三百六十五日南極影長，明日反短。

當然，冬至不一定剛好在 12 月 22 日的正午，但是如上圖所示，一定在 12 月 22 日正午之前或正午之後的 24 小時中。

我們注意到，與冬至等時距的前後兩個時間點，晷長必須相等。所以如果 12 月 23 日正午的晷長比 12 月 21 日的長，則冬至一定發生在 12 月 22 日正午到 12 月 23 日正午之間，假設如此，我們要問如何知道真正冬至的來臨比 12 月 22 日正午要晚多少時間呢？

下面我們參考《中國天文大發現》（陳久金、張明昌，山東畫報出版社，2008 年）一書，說明祖沖之（西元 429～500）測算冬至時刻的辦法。

前提是假設冬至在 12 月 22 日和 12 月 23 日兩個正午之間，亦即正午的晷長一直遞增到 12 月 22 日，12 月 23 日之後開始遞減。我們取一個參考日，例如 12 月 1 日，開始看每日的晷影長：

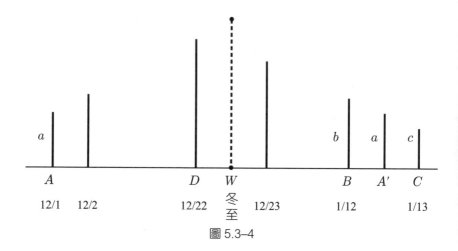

圖 5.3–4

12 月 1 日晷長 a，距 D（12 月 22 日）21 天，D 之後 21 天是 B（1 月 12 日），A' 是 1 月 12 日到 1 月 13 日正午之間的時刻，晷長同樣是 a，並且由於對冬至點 W 對稱，因此有 $AW = WA'$，但是 $AD = DB = 21$ 天，所以 $AB = 2AD$ 並且 $AA' = 2AW$，因此

$$DW = AW - AD = \frac{1}{2}(AA' - AB) = \frac{1}{2}BA' 。$$

亦即冬至時刻距 12 月 22 日正午（DW）是 BA' 的一半。

B（1 月 12 日）的晷影是 b，C（1 月 13 日）的晷影是 c，A' 介於其間，我們不妨假設在 B、C 一日之間晷影是線性的遞減，是以

$$BA' = \frac{b-a}{b-c} \times 24 \text{ 小時，而 } DW = \frac{b-a}{b-c} \times 12 \text{ 小時}$$

a、b、c 分別為 12 月 1 日、1 月 12 日、1 月 13 日的晷長，都是實測的數據。

根據《中國天文大發現》一書頁 90，祖沖之終於能夠得到冬至到冬至的時距是 365.2428 日，是當時世界上最精密的回歸年值。

附錄 6.1　三角形內角和等於 180° 與畢氏定理

「三角形內角和等於 180°」這個大家應該都知道。我記得初中的時候，學校教到平面幾何的單元，當時課本裡有一個實驗：將一個三角形的三個角剪下來，並把它們拼起來，看看是不是剛好成為 180° 的平角。那時，我讀三年級，恰好有一個鄰居，他已經考上高中，於是跟他要初三的課本，這樣就不需要再花錢買課本。我在課本中發現他剪下的三個內角，他真的剪了！很多人知道三角形內角和等於 180°，可是並沒有真的剪下來拼湊過。

「畢氏定理」和「三角形內角和等於 180°」有什麼關係呢？國中數學課本上，關於「畢氏定理」的證明是這樣的：將四個全等的直角三角形拼起來成為一個大正方形（如圖 6.1–1）。

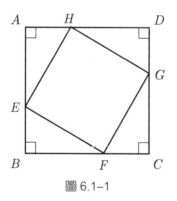

圖 6.1–1

如此中間會形成一個正方形，那麼，四個直角三角形與中間正方形的面積和會等於大正方形的面積，利用這個關係，整理一下，就可

得到「畢氏定理」。在這個證明過程中「三角形內角和等於 180°」的事實已經被悄悄地引用了，為什麼呢？因為「中間會形成一個正方形」這件事是利用「三角形內角和等於 180°」的事實推得。從這個地方看來，「三角形內角和等於 180°」比「畢氏定理」還要基本。

其實，若從「畢氏定理」出發也可以得到「三角形內角和等於 180°」。一般而言，處理幾何的基本工具就是「畢氏定理」和它的逆定理，即滿足一邊的平方等於另二邊的平方和的三角形為直角三角形。現在我們給出這個推導過程，如果有一個三角形，而且我們知道「畢氏定理」對任何直角三角形都成立，我們想要說明的是「三角形內角和等於 180°」。若要證明這件事，起碼我們要能說明對於直角三角形是對的。觀察（如圖 6.1–2）的直角三角形 *PQR*。

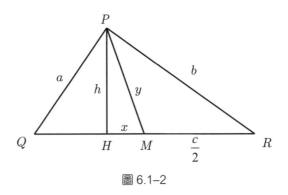

圖 6.1–2

作 *PH* 為斜邊上的高，*M* 為 *QR* 的中點，且令 *PQ* = *a*、*PR* = *b*、*QR* = *c*、*PH* = *h*、*PM* = *y* 和 *MH* = *x*。我們希望能夠證明 $y = \dfrac{c}{2}$，因為如果 $y = \dfrac{c}{2}$，則 △*MPQ* 與 △*MPR* 皆為等腰三角形，所以

$$\angle Q + \angle R = \angle MPQ + \angle MPR = 90°$$

於是得到 △*PQR* 三內角和等於 180°。

因為 $\triangle HPQ$ 與 $\triangle HPR$ 都是直角三角形，所以有

$$a^2 = h^2 + (\frac{c}{2} - x)^2$$
$$b^2 = h^2 + (\frac{c}{2} + x)^2$$

此二式相加得

$$a^2 + b^2 = 2h^2 + 2x^2 + \frac{c^2}{2}$$

又因為 $\triangle PQR$ 是直角三角形，$a^2 + b^2 = c^2$，所以

$$(\frac{c}{2})^2 = h^2 + x^2$$

又 $\triangle HMP$ 也是直角三角形，因此

$$(\frac{c}{2})^2 = y^2$$

就得到 $y = \frac{c}{2}$ 的結果。

　　對於任何一個三角形，可以剖成兩個直角三角形來看，利用剛剛證明的性質，很容易就可說明「三角形內角和等於 180°」。

　　以上的證明僅連續引用幾次畢氏定理及等腰三角形兩底角相等（可由 SAS 直接推出）的論證完成。這說明了「畢氏定理」的基本性，它其實可以說是談論幾何最重要的一個定理。

　　至於說為什麼我們會想到這個問題？一個是描述三角形的內角和，一個是說明直角三角形的邊長關係，這兩者看起來似乎毫不相關。事實上平面幾何之所以為平面幾何，是因為「三角形內角和等於 180°」，也是因為「畢氏定理」成立，所以這兩者非要有關連不可。不

太可能在這兩者之外有一更基礎的東西,實際上這兩者是一樣的重要。也就是說「三角形內角和等於 180°」和「畢氏定理」成立都是平面幾何的特徵,是同一回事。

在應用上,「畢氏定理」比「三角形內角和等於 180°」更加有用,因為「畢氏定理」是線段量化的代數式,較常使用。因此,很多幾何的現象應該要常常回到「畢氏定理」來討論,如果一個定理可以用「畢氏定理」證明,就不要用其他定理了。也就是說,盡量去尋找直角的關係或投影的關係,再利用內積、兩點間的距離⋯⋯等來處理幾何的問題,這樣是比較基本的。

這是 89 年 5 月張海潮在師大附中對數學老師們的演講,證明是王彩蓮(現任中山大學教授)提供的。文章是當時碩士班研究生葉德財(現任成功高中老師)整理的。非常感謝他們的幫忙。

原載《數學傳播》27 卷 2 期

附錄 12.1　橢　圓

　　克卜勒 (1571～1630) 是日心說的擁護者，他在 1609 年發表《新天文學》，發現行星繞日軌道的規律：㈠橢圓律：行星繞日的軌道是一橢圓，太陽位居一焦點。㈡面積律：行星繞日時，在單位時間，行星與太陽連線段所掃過的面積是一常數❶。

　　例如，假設地球繞日的軌道是一半長軸為 a，半短軸為 b 的橢圓，則每隔 24 小時，地球與太陽連線段所掃過的面積均為 $\dfrac{\pi ab}{365\frac{1}{4}}$。

　　十年後，克卜勒又發表《世界的和諧》，發現在太陽系中，任一行星繞日軌道半長軸的立方和繞日週期的平方之比均相等，此即克卜勒第三行星律：週期律。

　　可想而知，當克卜勒發表橢圓律時，所有的天文學家都會好奇提問：什麼是橢圓？為什麼不是圓？

　　早先，在歐幾里得（西元前 325～265）的《原本》中，基本的圖形是三角形和圓，《原本》雖然在最後三章（第 11～13 章）討論了立體幾何，但是基本的圖形不外乎是柱體、錐體、球體和五種正多面體。至於圓錐曲線，並不出現在《原本》，而是由阿波羅尼斯（西元前 262～190）的《圓錐截線論》(Conic Sections) 一書仔細探討，一般公認此書乃是古希臘幾何學之最高成就。

　　在《圓錐截線論》中，基本的立體圖形乃一圓錐面，亦即取在 V 點相交的兩條直線，如圖 12.1–1：

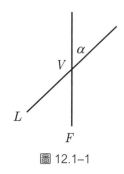

圖 12.1–1

　　將直線 F 固定，而令直線 L 繞 F，保持交於 V 和夾角 α，旋轉一周得一曲面，稱為錐面。V 稱為錐面的頂點，α 為圓錐角，F 為中心線，L 或 L 旋轉出來之任一直線為生成線。所謂（非退化的）圓錐曲線乃指不過 V 的平面與錐面的交線，此類交線共有三種：

㈠封閉曲線，包含圓及橢圓。

㈡開口，但只有一枝的曲線，稱為拋物線，此時截面平行於某一條生成線。

㈢開口，但包含兩枝開口的曲線，稱為雙曲線，此時截面與 V 上方和 V 下方的部分同時相交[❷]。

　　前文曾經提到古希臘的天文學家用兩根窺管，一根指著北極星固定不動，另一根指著某一恆星並隨之旋轉，進而察覺恆星正在進行等速圓周運動，由此推斷，當時的天文學家對錐面之形成應有體認。

　　此外，若是在地面立一根竿子，則通過竿頂的日光，因地球自轉，這些光線的合體亦形成一錐面，如圖 12.1–2：

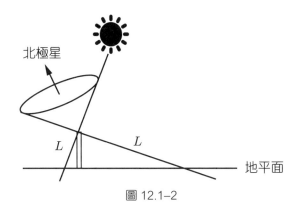

北極星

L　　　L

地平面

圖 12.1–2

　　此錐面之中心線 F 過竿頂並與地軸平行,而地平面與錐面之交線即為一圓錐曲線,即一日中所有竿影的尖端所構成的曲線。夏季時將竿立在北極,此一地平面的截線是正圓,當竿逐漸南移,地平面與陽光所成錐面之截線,將逐漸變化為橢圓、拋物線及雙曲線等。

　　若取一平面與錐面相截而得一曲線,首先應該了解此一曲線的幾何性質,今以橢圓的情形為例,詳加說明如後。

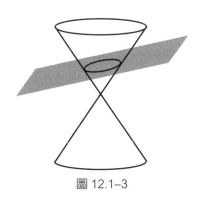

圖 12.1–3

　　圖中,平面 P 與圓錐切出一個橢圓,今將兩個球面,球 U 與球 B,從 P 的上、下方分別塞入圓錐而得下圖[3]:

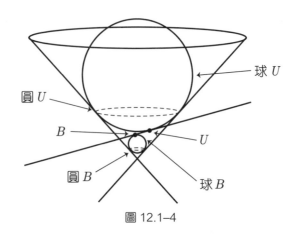

圖 12.1–4

　　塞入時兩個球面一方面內切於圓錐，切點構成上、下兩個圓，圓 U 與圓 B，另一方面又切於平面 P，令 U、B 分別為球 U 與球 B 切平面 P 之切點，則在橢圓上任一點 X，$\overline{XU}$ 是從 X 到球 U 之切線，此一切線段等長於 X 沿著生成線到圓 U 的距離，同理 $\overline{XB}$ 等長於 X 沿著生成線到圓 B 的距離。換言之，$\overline{XU} + \overline{XB}$ 等於生成線介於圓 U 與圓 B 之間的部分，因此得證 $\overline{XU} + \overline{XB} = $ 常數 $= 2a$。此即目前教科書對橢圓之定義，U、B 稱為橢圓的焦點。

　　再者，圓 B 決定一平面 b，此平面與平面 P 交於一直線 ℓ：

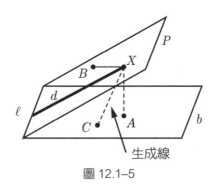

生成線

圖 12.1–5

橢圓上一點 X 到 ℓ 之（垂直）距離為 d，而 X 到 B 之距離為 $\overline{XB}$，自 X 到平面 b 作垂線段 $\overline{XA}$，因為 $\overline{XB}$ 相等於 X 沿生成線到平面 b 的距離 $\overline{XC}$，因此 $\dfrac{\overline{XA}}{\overline{XB}} = \dfrac{\overline{XA}}{\overline{XC}} = \cos\alpha$，$\alpha$ 為圓錐角。而 $\dfrac{\overline{XA}}{d}$ $= \sin(P \text{、} b \text{ 之兩面角}) = \sin(\beta)$，$\beta$ 為平面 P 與平面 b 之夾角。所以 $\dfrac{\sin\beta}{\cos\alpha} = \dfrac{\overline{XB}}{d}$，亦即 X 到焦點 B 之距離與 X 到直線 ℓ 距離之比為一常數 e，$e = \dfrac{\sin\beta}{\cos\alpha}$。當 $\beta = 0$，即截線是圓時，$e = 0$。而在橢圓的情形因為 $\alpha + \beta < 90°$，所以 $e < 1$。

取一平面過 U、B 焦點並與截平面 P 垂直，而得一圓錐面之剖面圖如下：

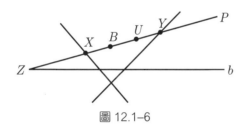

圖 12.1–6

則 $\overline{XY} = 2a = $ 長軸，$\overline{BU} = 2c$，$2c$ 為兩焦點之間距。

由上述討論知 $\dfrac{\overline{XB}}{\overline{XZ}} = e = \dfrac{a-c}{\overline{XZ}} = \dfrac{\overline{YB}}{\overline{YZ}} = \dfrac{a+c}{2a + \overline{XZ}}$，再由減比定理得

$e = \dfrac{(a+c) - (a-c)}{2a} = \dfrac{c}{a}$。此即橢圓離心率之定義，如圖 12.1–7：

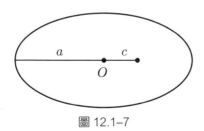

圖 12.1–7

焦點離開中心的距離是 c，以 $\dfrac{c}{a}$ 表達離心的比率，注意到相似的橢圓均有相同的離心率，正如所有的圓，離心率均為 0。

如圖 12.1–7，在實際的天文觀測，如果太陽在 B 點，Y 稱為遠日點，X 稱為近日點，遠、近日點到日的距離分別是 $a+c$、$a-c$，所以

$$離心率 = \frac{(遠日 - 近日)}{(遠日 + 近日)}。$$

而半長軸 $a = \dfrac{[(a+c)-(a-c)]}{2}$ 又稱為行星到太陽的平均距離。代表地日距的 1 天文單位即是地球繞日軌道的半長軸（平均距離）。

下面我們以地球繞日為例來說明一個探索離心率的簡單辦法。由於地球和太陽之間的對稱關係，所以即便身處古代也可以想成是地球繞日，並且假設是一個服從面積律的圓周運動[4]：

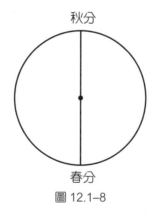

圖 12.1–8

如果太陽在圓心，則從春分到秋分和從秋分到春分，時距應該相等，但是以 2014 年為例，春分在 3 月 21 日，秋分在 9 月 23 日，從春分到秋分經過了 $10 + 30 + 31 + 30 + 31 + 31 + 23 = 186$ 天，而從秋分到春分是 179 天。

因此根據面積律，太陽不在圓心 O 而是如圖 12.1–9 在 S。

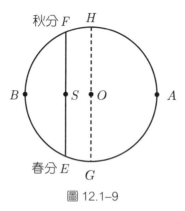

圖 12.1–9

$SEAF$ 的面積佔 $\dfrac{186}{365}$。設半徑為 1，則 $SEAF$ 的面積是 $\dfrac{186}{365} \times \pi$。近似矩形 $FEGH$ 的面積是 $\dfrac{186}{365} \times \pi - \dfrac{1}{2}\pi$，將此量除以直徑 2 便可得 $\overline{SO}$ 的近似值，計算得到 0.015，而地球軌道實際的離心率是 0.017。

腳註

❶ 在 17 世紀以前，天體之間的絕對距離無法得知，均以與地日距的比值來表達，地日距稱為一個天文單位。

❷ 希臘的幾何學家為什麼會研究此類特殊的曲線？有興趣的讀者可搜尋參考鄭英豪，《圓錐截痕與二次曲線：一個數學老師的無聊之舉》，(中研院發行)《數學傳播》23 卷 3 期，民國 88 年 9 月。

❸ 網路搜尋：Dandelin Spheres 證明圓錐截痕的焦點性質。

❹ 現在知道地球繞日軌道的離心率只有 0.017 相當近於圓。下表為諸行星軌道的離心率及相關數據：

	平均日距 (AU)	離心率	週期（日）
水　星	0.38	0.2056	87.97
金　星	0.72	0.0068	224.70
地　球	1.00	0.0167	365.24
火　星	1.52	0.0934	686.93
木　星	5.20	0.0484	11.86
土　星	9.54	0.0542	29.45
天王星	19.22	0.0472	84.02
海王星	30.06	0.0086	164.79
冥王星	39.50	0.2488	247.92

|討論議題|

1. Morris Kline 在《古今數學思想》中指出拋物線的發生是因為古希臘的數學家為了解 $x^3 = 2$ 而設計了一個求等比中項的二元聯立方程式：

$$a : x = x : y = y : 2a$$

即解 $x^2 = ay, \; y^2 = 2ax$，因為 $x^4 = a^2y^2 = a^2 \cdot 2ax$，而得 $x^3 = 2a^3$ 取 $a = 1$。注意到 $x^2 = ay, \; y^2 = 2ax$ 是平面上的兩條拋物線，其交點的 x 坐標滿足 $x^3 = 2a^3$。

你認為以上所述是引發研究拋物線及一般圓錐曲線的原因嗎？

2. 牛頓發現 $4\pi^2 \cdot \dfrac{a^3}{T^2} = GM$，式中 a 為行星繞日軌道之半長軸，T 為行星繞日之週期，G 為萬有引力常數，M 為太陽質量，如果知道 G，便可從地日距 a 求得 M，請問 G 和地球的 a 要如何求？（地球的 a 稱為一個天文單位）（現在所知 $G = 6.68 \times 10^{-11} \; \mathrm{m^3/kg \cdot s^2}, \; M = 1.99 \times 10^{30} \; \mathrm{kg}$）

3. 若將北極之日晷平行置於臺北之 228 紀念公園即可見一圓盤與地平面夾 65° 角，其上日影每小時均勻移動 15°，是否如此？又夏、冬所見圓盤上日影有何不同？

4. 若 $\sin\beta = \cos\alpha$，或 $e = 1$，則 $\alpha + \beta = 90°$，此時如圖 12.1–10，截平面 P 與生成線平行，截線是拋物線。請說明雙曲線時，$e > 1$ 或 $\alpha + \beta > 90°$。

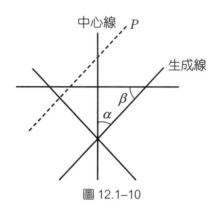

圖 12.1–10

5. 本章所得晷影尖端所成的圓錐曲線，離心率為 $e = \dfrac{\sin\beta}{\cos\alpha}$，請說明：

　(1)當天太陽直射地球的緯度是 δ，則 $\alpha = 90° - \delta$。

　(2)當地的緯度是 γ，則 $\beta = 90° - \gamma$。

　(3)在北極 $e = 0$。

　(4)在臺北，夏至當天 $e > 1$。

　(5)在北緯 66.5°，夏至當天，$e = 1$。

　(6)春秋分時，晷影尖端均為一直線。

6. 本文中 $\dfrac{\overline{XA}}{d} = \sin(\beta)$ 用到三垂線定理（的逆定理），請解釋。

7. 以平面截一圓柱，所得的橢圓焦點如何決定？又如果長軸為 $2a$，短軸為 $2b$，焦距為 $2c$，請說明 $a^2 = b^2 + c^2$。

8. 承 7，在圓柱（而非圓錐）的情形可以用本文中類似的方法定義橢圓準線和離心率嗎？

9. 哈雷彗星繞日的週期是 76 年，它的軌道平均半徑符合太陽系行星所服從的週期律嗎？（$\dfrac{a^3}{T^2} = \dfrac{GM}{4\pi^2}$）

附錄 12.2　牛頓以幾何解釋面積律

　　先略介紹克卜勒 (1571～1630) 發現的面積律。原本行星在黃道面
上運動，軌道並不是圓。行星到太陽的距離時遠時近，在軌道上的速
度也時慢時快；但是克卜勒發現，同一個行星到太陽的連線在同一時
段掃過的面積都是定值，稱為面積律，如圖 12.2–1：P (P') 花了一秒
鐘走到 Q (Q')，區域 SPQ 和區域 $SP'Q'$ 的面積相等。

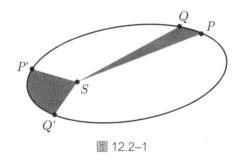

圖 12.2–1

　　以地球繞日為例，當北半球處於夏天的時候地球離太陽遠，冬天
的時候近。如果計算春分（3 月 21 日）到秋分（9 月 23 日）是 186
天，大於從秋分到春分的 179 天，這表示夏天的這一陣地球跑得比較
慢，如上圖所示（P 代表夏天、P' 代表冬天）。

　　我們試想，如果地球繞日是最理想的等速圓周運動，太陽在圓心，
圖 12.2–1 就變成了以 S 為圓心，SP (SP') 為半徑的圓。經過一秒
P (P') 走到 Q (Q')，由於等速，$PQ = P'Q'$，掃出的兩個扇形區域 SPQ
和 $SP'Q'$ 的面積當然相等，面積律根本無關緊要。但是在軌道的形狀
無從判斷的時候，面積律反而成為克卜勒發現圖 12.2–1 的軌道原來是
個橢圓，太陽位居一焦點的關鍵所在。

要知道在廣表的天空，只能測到角度以及距離與距離的比。例如，自古希臘以來就知道月地距離大約是地球半徑的 60 倍，換句話說，量天的幾何學中最重要的就是相似形成比例定理，以及由此衍生出來的三角學。

為了方便說明，在圖 12.2–1 中將時間單位取為一天。由於時間很短，不妨將 SPQ (SP'Q') 區域看成是一個等腰三角形，如圖 12.2–2：

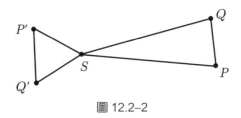

圖 12.2–2

雖然一天的時間很短，$\angle PSQ$ ($\angle P'SQ'$) 的大小不到一度，但是仍然可以測得，所以三角形 PSQ 和 $P'SQ'$ 的面積之比就是 $SP^2 \cdot \angle PSQ$ 和 $SP'^2 \cdot \angle P'SQ'$ 之比。根據面積律，這個比值是 1，由此可以算出 SP 和 SP' 的比值。

若是將 1 月 1 日這一天的地日距離取為 1，則從上述透過面積律和每一天地球位置對太陽張角的測量，就可以得到每一天地球和太陽的距離，將這些距離依序順著角度畫在紙上。

經過反覆嘗試，克卜勒終於判定繞日的軌道是橢圓，太陽位居一焦點。

實際上，克卜勒是先發現了地球繞日的面積律，再發現火星繞日的面積律，接著發現火星繞日軌道的橢圓律，最後才發現地球繞日軌道的橢圓律，而後才擴及其他行星。但是終其一生，克卜勒始終無法理解面積律的物理意涵。

　　現在我們知道面積律和向心力是等價的。從後設的眼光看來，面積律是運動體在平面運動中衍生的幾何不變量，因此必須等到一位懂運動學、幾何學和微積分的大師才有可能真相大白，此人顯然非牛頓（1642～1727）莫屬。

　　1687 年牛頓出版《自然哲學的數學原理》，在這本書的命題 1、2，牛頓用幾何方法結合微積分證明了面積律和向心力是等價的，並以此作為後續討論克卜勒其他發現的基礎。

　　牛頓的想法如下：

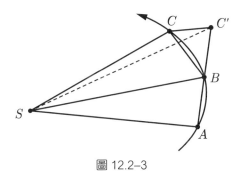

圖 12.2–3

　　如圖 12.2–3，行星在兩個極短的時段 Δt 從 A 走到 B 再走到 C，S 代表太陽。由於時間極短，將 $\overset{\frown}{AB}$、$\overset{\frown}{BC}$ 均想成直線段。如果在 B 點行星並未受力，則根據慣性原理，在下一個時段 Δt 行星將走到 C'，並且 $AB = BC'$。但是 C' 因受力而偏折到 C，$C'C$ 正比於受力的大小。圖中，$AB = BC'$，所以 $\triangle SAB$ 和 $\triangle SBC'$ 面積相等。而面積律要求 $\triangle SAB$ 和 $\triangle SBC$ 面積相等，所以 $\triangle SBC$ 和 $\triangle SBC'$ 面積也相等，從 C 或 C' 到 SB 的高也必須相等，這表示 $C'C$ 和 SB 平行，亦即 $C'C$ 所代表的受力方向與 SB 平行，這就是向心力的意思，心指太陽 S。

　　嚴格說來，$C'C$ 應該要真正的指向 S 而非僅僅平行於 SB，但是不要忘了這是在一個小時段 Δt 發生的現象。當 Δt 趨近於 0 時，C、B 均趨近 A，而 $C'C$ 的方向由於平行 SB，因此也跟著趨近運動起點的方向 SA，這才是真正在 A 點所受指向 S 的力。

　　身為微積分學的發明人，牛頓知道所有的討論最後都應該令 Δt 趨近於 0，才能代表瞬時所受的力或加速度。但是可想而知，能夠看懂的人是少之又少，難怪莫里斯·克萊因在《古今數學思想》對牛頓好用幾何證明作了如下的評論：

> 他（牛頓）訴諸幾何的一個原因是相信證明將更能被他的同時代人理解。
>
> "One reason he resorted to geometry is believed to be that the proofs would be more understandable to his contemporaries."
>
> (Morris Kline, *Mathematical Thought from Ancient to Modern Times*, p. 365)

附錄 12.3　曲率、曲率半徑、速度與法線加速度

在平面（運動）曲線上任取一點 P，如圖 12.3–1，作一切線，則此切線所指的方向就是此曲線在 P 點的瞬間方向，因此我們常說切線是曲線在 P 點的最佳線性近似。

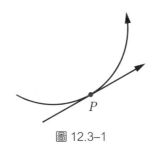

圖 12.3–1

若要討論這些方向如何改變，如圖 12.3–2：

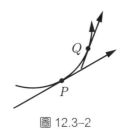

圖 12.3–2

在 P 點的切線方向和在 Q 點的切線方向不同，這是因為（運動）曲線本身在轉彎，我們因此需要設計一個辦法來討論這個轉彎的量化——稱為曲率。

　　最簡單的曲線是圓❶，圓的特徵是半徑 r，注意到半徑越小的圓彎曲的程度越大，我們因此同意將圓的曲率定為 $\frac{1}{r}$，亦即單位距離的角度變化，r 也稱為曲率半徑❷。

　　圓的曲率定好之後，對於一般曲線上的 P 點，我們需要在 P 點定義一個密接圓來體現原曲線在 P 點的彎曲程度，正如我們在 P 點以切線來表示曲線在 P 點的方向。

　　密接圓過 P 點，為了表示它與原曲線真正密接，至少它與原曲線在 P 點必須要有相同的切線，如圖 12.3–3：

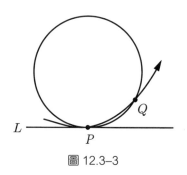

圖 12.3–3

　　為了方便說明，我們不妨設曲線過 P 的切線 L 是水平的，注意到過 P 而與 L 相切的圓有無窮多個，但是只要在曲線上任選一點 Q，則過 P 與 L 相切，並且同時過 Q 的圓就只有一個❸。當 Q 變動的時候，這個與 L 相切且過 Q 的圓也在變動。根據牛頓的看法，當 Q 趨近於 P 的時候，會得到一個「終極的」圓，這個最後的圓就是過 P 點的密接圓，如圖 12.3–4：

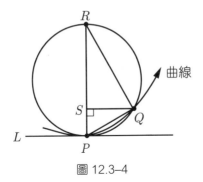

圖 12.3–4

圖中的圓與 P 點的切線相切，同時過 Q，$\overline{PR}$ 是過 P 的直徑，$\overline{PR} \perp L$，$\angle PQR = $ 直角，$\overline{QS} \perp \overline{PR}$，由相似形成比例定理我們有 $\overline{QS}^2 = \overline{RS} \cdot \overline{SP}$ 或 $\dfrac{\overline{QS}^2}{\overline{SP}} = \overline{RS}$，當 Q 趨近於 P 時，$S \to P$，$\overline{RS} \to$ 曲率半徑的兩倍，所以 $\dfrac{\overline{SP}}{\overline{QS}^2} \to \dfrac{1}{2}$ 曲率[4]。

在圖中，如果 L 代表 x-軸，P 代表原點，曲線代表 $y = f(x)$ 的圖形，則 $\dfrac{1}{2}$ 曲率 $= \displaystyle\lim_{x \to 0} \dfrac{y}{x^2}$，或曲率半徑 $= \displaystyle\lim_{x \to 0} \dfrac{x^2}{2y}$。

我們通常計算的是一條運動曲線在 P 點的曲率，或者說一條參數曲線 $(x(t), y(t))$ 在 $P = (x(0), y(0))$ 的曲率半徑。我們仍舊假設過 $P = (0, 0)$ 的切線 L 就是 x 軸，並且曲線的運動（參數）方程式是

$$x(t) = x(0) + vt + \frac{1}{2}\alpha t^2$$

$$y(t) = y(0) + wt + \frac{1}{2}\beta t^2$$

式中 v 是水平速度（或切線速度或速度），由於切線是水平的，並且 P 即原點，所以 $x(0) = y(0) = w = 0$。α、β 分別是在 P 點的水平

和法線方向加速度。上式其實是 x 軸和 y 軸方向的兩個等加速度運動，當 t 甚小時此二等加速度運動近似原來的曲線運動。

我們計算 $\dfrac{x^2}{2y}$ 如下：

$$\frac{x^2}{2y} = \frac{(vt + \frac{1}{2}\alpha t^2)^2}{2 \cdot \frac{1}{2}\beta t^2}$$

當 $t \to 0$ 時，我們得到曲率半徑 $r = \dfrac{v^2}{\beta}$，注意到 β 是 y 方向，亦即運動法線方向的加速度分量，我們因此有下述結論：

在運動曲線上過 P 點的曲率半徑 r，曲率 κ，在 P 點的速率（速度）v，在 P 點法線方向的加速度 β 之間有下列等式：

$$\frac{1}{\kappa} = r = \frac{v^2}{\beta}$$

另一個等價的說法是：法線方向的加速度 β 等於 $\dfrac{v^2}{r}$，r 是曲率（或密接圓）半徑[5]。

⭐ 腳註

❶ 直線比圓更簡單，由於直線不轉彎，直線上各點的曲率都規定為0。

❷ 一個半徑為 r 的圓，若將圓周 $2\pi r$ 與曲率 $\dfrac{1}{r}$ 相乘恆等於 2π，這表示不管半徑大小，曲率經過 $2\pi r$ 之後都等於 2π，也就是說曲率的總變化量是一個周角 $=2\pi$，曲率可以看成是曲線走了單位長度，方向的變化。

❸ 如圖 12.3–5，與直線 L 相切於 P 點，同時又過 Q 點的圓只有一個。

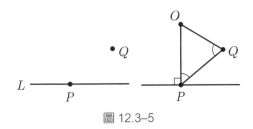

圖 12.3–5

作 $PO \perp L$，過 Q 作 $\angle PQO = \angle OPQ$，O 點是圓心，$OP = OQ$ 是半徑。

❹ 密接圓的半徑稱為在 P 點的曲率半徑，曲率半徑的倒數即為曲率。

❺ 在等速圓周運動的情形，$v=$ 速度，a 是向心加速度，此時 $a=\beta$，所以有 $a=\dfrac{v^2}{R}$，R 是圓運動的半徑。

附錄 12.4 橢圓的曲率（半徑）公式

我們要利用複合簡諧運動 $(a\cos t,\ b\sin t)$ 來求橢圓 $\dfrac{x^2}{a^2}+\dfrac{y^2}{b^2}=1$ 的曲率，如圖 12.4–1：

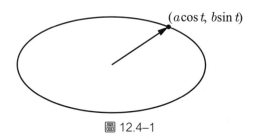

圖 12.4–1

位置 $(a\cos t,\ b\sin t)$ 對 t 微分得到速度，速度再對 t 微分得到加速度 $(-a\cos t,\ -b\sin t)$。因此加速度向量和位置向量大小相等，方向相反，顯然是向心力運動，所以面積律成立，如圖 12.4–2：

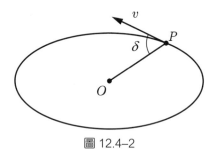

圖 12.4–2

設 $\overline{OP} = R =$ 加速度大小，則單位時間 $\overline{OP}$ 掃過的面積一方面是 $\frac{1}{2}vR\sin\delta$，另一方面，由於運動的週期是 2π，而橢圓的面積是 πab，所以有[1]:

$$\frac{1}{2}vR\sin\delta = \frac{1}{2}ab$$

或 $$vR\sin\delta = ab$$

加速度大小為 R，法線方向的加速度 $A_N = R\sin\delta$，所以曲率半徑 $r = \dfrac{v^2}{A_N} = \dfrac{v^2}{R\sin\delta} = \dfrac{v^2 R^2 \sin^2\delta}{R^3 \sin^3\delta} = \dfrac{a^2 b^2}{(R\sin\delta)^3}$，式中 δ 為 $\overline{OP}$ 與切線的夾角。

現考慮焦點 C，如圖 12.4–3:

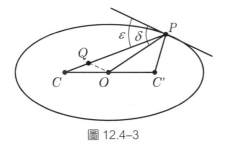

圖 12.4–3

C、C' 是焦點，自 O 作 $OQ /\!/$ 過 P 的切線，則易證 $\overline{QP} = a$（半長軸）[2]。

在 $\triangle OQP$ 中，由正弦定理得知:

$$\frac{\overline{QP}}{\sin\delta} = \frac{\overline{OP}}{\sin\varepsilon}$$

但是 $\overline{QP} = a$, $\overline{OP} = R$, 所以前文所得：

$$曲率半徑 \ r = \frac{a^2 b^2}{(R \sin \delta)^3} = \frac{a^2 b^2}{(a \sin \varepsilon)^3} = \frac{b^2}{a} \frac{1}{(\sin \varepsilon)^3}。$$

腳註

❶ 此面積亦等於 $\dfrac{1}{2} \left| \overline{OP} \times v \right| = \dfrac{1}{2} \begin{vmatrix} a \cos t & b \sin t \\ -a \sin t & b \cos t \end{vmatrix} = \dfrac{1}{2} ab$。

❷ 如圖 12.4–4：

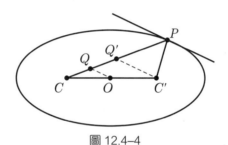

圖 12.4–4

作 $\overline{C'Q'} // \overline{OQ} //$ 過 P 之切線，則由橢圓的光學性質，$Q'PC'$ 是等腰三角形，$\overline{Q'P} = \overline{C'P}$，又由 $\overline{CO} = \overline{OC'}$ 而有 $\overline{CQ} = \overline{QQ'}$，但 $\overline{CP} + \overline{C'P} = 2a$，所以 $\overline{QP} = a$。

根據克卜勒的行星繞日三大定律：

㈠橢圓律——行星繞日的軌道為橢圓，太陽位居一焦點。

㈡面積律——等價於向心力[1]。

㈢週期律——$\dfrac{a^3}{T^2}$ 與個別的行星無關，是一個常數（a 是橢圓軌道的半長軸，T 是行星繞日的週期）。

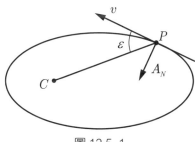

圖 12.5–1

如圖 12.5–1，在 P 點受到 C 的引力而有加速度 A[2]，A 在法線方向的投影是 A_N，則有（r 是曲率半徑）：

$$A_N = A \sin\varepsilon = \frac{v^2}{r} = \frac{v^2}{\dfrac{b^2}{a}\dfrac{1}{(\sin\varepsilon)^3}} = \frac{v^2 a \sin^3\varepsilon}{b^2}$$

$$A = \frac{a}{b^2} v^2 \sin^2\varepsilon = \frac{\dfrac{a}{b^2} v^2 \overline{CP}^2 \sin^2\varepsilon}{\overline{CP}^2}$$

根據面積律，$\dfrac{1}{4}v^2\overline{CP}^2\sin^2\varepsilon$ 是一常數等於 $(\dfrac{\pi ab}{T})^2$，T 是公轉週期，可得：

$$A = \frac{a}{b^2}\frac{4\pi^2 a^2 b^2}{T^2}\frac{1}{\overline{CP}^2}$$

這表示，在軌道上任一點 P 所受的向心力加速度 A 均與到 C 的距離平方 $\overline{CP}^2$ 成反比，比例常數是 $\dfrac{4\pi^2 a^3}{T^2}$。

更進一步，由週期律，對任一行星而言 $\dfrac{a^3}{T^2}$ 均為一常數，所以行星所受太陽之向心力加速度與行星到太陽距離的平方成反比，比例常數為 $4\pi^2\dfrac{a^3}{T^2}$，式中 a 為行星橢圓軌道的半長軸，T 為行星之公轉週期[❸]。

✭ 腳註

❶ 面積律可推得向心力已如前述附錄 12.2，用同樣的方法可證向心力亦可推得面積律，如圖 12.5–2：

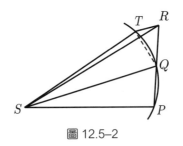

圖 12.5–2

在時段 $2\Delta t$ 中，P 走到 T。若是無外力影響，則由慣性定律，在 Δt 時 P 走到 Q，再經過 Δt 又從 Q 走到 R，PQR 為一直線，$\overline{PQ}=\overline{QR}$。但是因受到 S

的向心力，所以 R 拐到 T，並且 $\overline{RT}\,/\!/\,\overline{SQ}$（向心之定義），因此 $\triangle SQT$ 和 $\triangle SQR$ 面積相等，而 $\triangle SQR$ 又和 $\triangle SPQ$ 面積相等，所以 $\triangle SPQ$ 和 $\triangle SQT$ 面積相等，此即面積律。

❷ 由牛頓第二運動定律，$F = mA$，此處 m 為行星質量，A 為太陽施於行星之加速度，F 為力。因此欲了解 F 的屬性（如平方反比），必須從 A 入手。牛頓第一運動定律即慣性定律，第三運動定律為作用力等於反作用力，以萬有引力觀之，太陽與地球是互相吸引，吸引力大小相等，方向相反。

❸ 在一個非常理想的情形，如果行星繞日是等速圓周運動，週期為 T，運動的速率為 v，半徑為 r，太陽位居圓心，向心加速度為 A，則有：

$$A = \frac{v^2}{r} = \frac{(\frac{2\pi r}{T})^2}{r} = \frac{4\pi^2}{T^2}r^3\frac{1}{r^2}$$

此即本文公式中的半長軸 a 以 r 代，$\overline{CP}$ 以 r 代之結果。

根據萬有引力定律：$F = m_e A = \dfrac{GMm_e}{(\text{日地距})^2}$，式中 m_e、M 分別為地球和太陽的質量，易見萬有引力常數 $G = \dfrac{4\pi^2 a^3}{T^2 M}$。

今以地球繞太陽為例加以計算，

$$a = \text{日地距離} = 149\times10^6 \text{ 公里} = 149\times10^9 \text{ 公尺}$$

$$T = 365\frac{1}{4}\times86400 \text{ 秒}$$

但 $\dfrac{4\pi^2 a^3}{T^2}$ 還需要再除以太陽的質量（2×10^{30} 公斤），由此可得萬有引力常數等於 6.67×10^{-11} nt-m^2 / kg^2。

參考資料

第一、二、三章

1. 網路文章，新紀元的開始：談歲差現象。

2. 陳久金、張明昌，中國天文大發現，山東畫報出版社，2008。

3. 項武義、張海潮、姚珩，千古之謎：幾何、天文與物理兩千年，臺灣商務印書館，2010。

4. 2013 年、2014 年、2015 年天文日曆，交通部中央氣象局編印。

5. Evans, J., *The History and Practice of Ancient Astronomy*, Oxford University Press, 1998.

第四、五、六章

1. 蔡聰明，星光燦爛的數學(I)——托勒密如何編制弦表，數學傳播 23 卷 2 期，1999 年 6 月。托勒密定理(II)，數學傳播 24 卷 1 期，2000 年 3 月。

2. 古今數學思想，Morris Kline 原作，中譯本，譯者：張理京、張錦炎、江澤涵，上海科學技術出版社。

3. 陳久金、楊怡，中國古代的天文與曆法，臺灣商務印書館，1993。

4. 司馬遷，史記天官書。

5. 算經十書，臺北九章出版社，2001。

6. 歐幾里得，幾何原本，臺北九章出版社，1992。

7. 張海潮，說數，三民書局，2006。

8. Artmann, B. Euclid, *The Creation of Mathematics*, Springer-Verlag, New York, 1999.

9. Katz, V. J., *A History of Mathematics : An Introduction*, Harper Collins College Publishers, 1993.

第八、九、十、十一章

1. 張海潮，**數學放大鏡**，三民書局，2013。

2. 項武義、張海潮、陳鵬仁、姚珩，重訪克卜勒——地球的面積律與橢圓律，數學傳播 34 卷 2 期，2010。

3. 陳鵬仁，天文學的確認——克卜勒對圓迷思的破除與均勻性的奠定，臺灣師範大學物理研究所碩士論文，2009。

第十二章

1. 張海潮，實測是幾何的基礎，科學人 2008 年 6 月號。

2. 張海潮，晝夜長短與球面幾何，科學人 2008 年 10 月號。

3. 張海潮，為什麼不是圓?，科學人 2009 年 1 月號。

4. 張海潮，古今大師論橢圓，科學人 2009 年 4 月號。

5. 張海潮，以管窺天，以髀測日，科學人 2009 年 7 月號。

6. 張海潮，月亮代表我的心，科學人 2009 年 10 月號。

7. 張海潮，時鐘問題，小兵立大功，科學人 2010 年 4 月號。

8. 邱紀良，日晷的實作，國立清華大學出版社，2003。

9. 侯以修，以數理分析克卜勒三大行星律——牛頓的萬有引力定律，臺灣大學數學研究所碩士論文，2013。

10. Neugebauer, O., *The Astronomical Origin of the Theory of Conic Sections*, Proceedings of the American Philosophical Society, Vol. 92 No. 3, July 1948.

索引

離心率	eccentricity	73, 95, 105, 175, 176
魯道夫星表	Rudolph tables	13, 95, 102

★ ㄍㄎㄏ

公轉	revolution	1
哥白尼	Nicolaus Copernicus	25, 78
格里高利曆	Gregorian Calender	26
勾之損益寸千里		33, 40, 154
窺管	dioptra or sighting tube	12
克卜勒	Johannes Kepler	88
黃道	ecliptic	1, 2, 5
黃極	ecliptic pole	22
黃經	ecliptic longitude (λ)	10, 11
黃經黃緯系	Ecliptic coordinate system	115, 116
黃緯	ecliptic latitude (β)	10, 11
回歸年	tropical year	1, 5
恆星背景	star background	11, 13, 40
恆星年	sidereal year	5
恆星月	sidereal month	39, 71

★ ㄐㄑㄒ

幾何原本	Elements	41
金星凌日	transit of Venus	85, 103
經緯度	longitude and latitude	10, 11
均輪	deferent	74, 75
伽利略	G. Galileo	87, 91, 106
秋分	equinox, equinoctial points, autumnal point	1, 11, 15
曲率	curvature	108, 186

曲率半徑	radius of curvature	108, 186
希帕克斯	Hipparchus of Nicaea	74
夏至	summer solstice	1
向心力	centripetal force	107, 108, 109
向心加速度	centripetal acceleration	69, 70, 108, 109
星表	Star catalog	10, 13, 102
逆行	retrograde motion	24, 25, 74, 75
星座	constellation	13, 14

ㄓㄔㄕㄖ

至大論	Almagest	55, 91, 92
周牌		30
週期律	Law of harmonies	96, 102
正多面體	regular polyhedron	56, 89, 90
正弦定理	Law of sines	53, 83
赤經	right ascension (α)	4, 10, 11
赤經赤緯系	Equatorial coordinate system	115, 116
赤緯	declination (δ)	4, 6, 10, 14
春分	equinox, equinoctial points, vernal point	1, 2, 5, 6
衝	opposition	16, 23, 79
重差術		45, 131, 154
史記天官書		28, 29, 85
19 年 7 閏		38
時角	hour angle (h)	122, 123
朔望月	lunar month	38
商高（勾股、畢氏）定理	Pythagorean Theorem	35, 41, 43, 45, 58, 167

鸚鵡螺數學叢書介紹

數學、詩與美

Ron Aharoni ／著
蔡聰明／譯

數學與詩有什麼關係呢？似乎是毫無關係。數學處理的是抽象的事物；詩處理的是感情的事情。然而，兩者具有某種本質上的共通點，那就是：美。本書嘗試要解開這兩個領域之間的類似之謎，探討數學論述與詩如何以相同的方式感動我們，並證明它們能夠激起相同的美感。

數學拾穗

蔡聰明／著

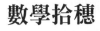

本書收集蔡聰明教授近幾年來在《數學傳播》與《科學月刊》上所寫的文章，再加上一些沒有發表的，經過整理就成了本書。全書分成三部分：算術與代數、數學家的事蹟、歐氏幾何學。最長的是第 11 章〈從畢氏學派的夢想到歐氏幾何的誕生〉，嘗試要一窺幾何學如何在古希臘理性文明的土壤中醞釀到誕生。最不一樣的是第 9 章〈音樂與數學〉，也是從古希臘的畢氏音律談起，把音樂與數學結合在一起，所涉及的數學從簡單的算術到高深一點的微積分。其它的篇章都圍繞著中學的數學核心主題，特別著重在數學的精神與思考方法的呈現。

數學拾貝

蔡聰明／著

數學的求知活動有兩個階段：發現與證明。並且是先有發現，然後才有證明。在本書中，作者強調發現的思考過程，這是作者心目中的「建構式的數學」，會涉及數學史、科學哲學、文化思想等背景，而這些題材使數學更有趣！

千古圓錐曲線探源

林鳳美／

為什麼會有圓錐曲線？數學家腦中的圓錐曲線是什麼？
只有拋物線才有準線嗎？雙曲線為什麼不是拋物線？
學習幾何的捷徑是什麼？圓錐曲線有什麼用途？
讓我們藉由此書一起來探討圓錐曲線其中的奧祕吧！

窺探天機 ——你所不知道的數學家

洪萬生／主

我們所了解的數學家，往往跟他們的偉大成就連結在一起；
但可曾懷疑過，其實數學家也有著不為人知的一面？
不同於以往的傳記集，本書將帶領大家揭開數學家的神祕
貌！敘事的內容除了我們耳熟能詳的數學家外，也收錄了我
較為陌生卻也有著重大影響的數學家。

追本數源 ——你不知道的數學祕密

蘇惠玉／

養兔子跟數學有什麼關係？
卡丹諾到底怎麼從塔爾塔利亞手中騙走三次方程式的公式解
牛頓與萊布尼茲的戰爭是怎麼一回事？
本書將帶你直擊數學概念的源頭，發掘數學背後的人性，讓
從數學發展的故事中學習數學，了解數學。

不可能的任務 ——公鑰密碼傳奇

沈淵源／

近代密碼術可說是奠基於數學（特別是數論）、電腦科學及
明智慧上的一門學科，而其程度既深且厚。本書乃依據加密
數的難易程度，對密碼系統作一簡單的分類；本此分類，再
各個系統作一深入淺出的導引工作。

國家圖書館出版品預行編目資料

古代天文學中的幾何方法／張海潮,沈貽婷著;蔡聰明
總策劃.――初版三刷.――臺北市：三民，2021
　　面；　公分.――（鸚鵡螺數學叢書）

　　ISBN 978-957-14-6018-5　（平裝）
　　1. 天文學 2. 幾何

320　　　　　　　　　　　　　　　　104007277

鸚鵡螺 數學叢書

古代天文學中的幾何方法

| 作　　者 | 張海潮　沈貽婷 |
| 總 策 劃 | 蔡聰明 |

發 行 人	劉振強
出 版 者	三民書局股份有限公司
地　　址	臺北市復興北路 386 號 (復北門市)
	臺北市重慶南路一段 61 號 (重南門市)
電　　話	(02)25006600
網　　址	三民網路書店 https://www.sanmin.com.tw

出版日期	初版一刷 2015 年 5 月
	初版三刷 2021 年 3 月修正
書籍編號	S317030
I S B N	978-957-14-6018-5